# 服饰

陈元綵 著

## 古人的日常生活

北京理工大学出版社
BEIJING INSTITUTE OF TECHNOLOGY PRESS

图书在版编目（CIP）数据

古人的日常生活. 服饰 / 陈元綵著. -- 北京：北京理工大学出版社，2022.5（2024.3重印）
ISBN 978-7-5763-0945-4

Ⅰ. ①古… Ⅱ. ①陈… Ⅲ. ①社会生活—中国—古代—通俗读物②服饰文化—中国—古代—通俗读物 Ⅳ. ①D691.93-49②TS941.742.2-49

中国版本图书馆CIP数据核字（2022）第027394号

出版发行 / 北京理工大学出版社有限责任公司
社　　址 / 北京市海淀区中关村南大街5号
邮　　编 / 100081
电　　话 /（010）68914775（总编室）
（010）82562903（教材售后服务热线）
（010）68944723（其他图书服务热线）
网　　址 / http: //www.bitpress.com.cn
经　　销 / 全国各地新华书店
印　　刷 / 三河市嘉科万达彩色印刷有限公司
开　　本 / 880毫米 × 1230毫米　1/32
印　　张 / 9
字　　数 / 199千字
版　　次 / 2022年5月第1版　2024年3月第6次印刷
定　　价 / 78.00元

责任编辑 / 李慧智
文案编辑 / 李慧智
责任校对 / 刘亚男
责任印制 / 施胜娟

# 序言

古文说：“服章之美谓之华。”居住在中原地区的人们，自认为是“冕服章采”的文明地区，因此自称中华。可见在我们民族的称谓上，就包含着服饰的元素。

中国文化中的上古三皇，有巢氏给人民带来了居所，燧人氏给人民带来了火,而知生氏给人民带来的就是衣裳。千字文中说“始制文字，乃服衣裳”，在我们的祖先看来，用衣服遮挡住身体，和发明了文字一样，是让人进入文明时期的重大事件。

衣服可以御寒，可以遮羞，所谓仓廪实而知礼节，当我们的祖先逐步告别了向大自然求得温饱的阶段，衣服便从御寒和遮羞的属性之外，增加了礼节、文化乃至于审美的属性。

中华服饰源流深长，自夏商周乃至于秦汉，中华服饰更重视礼乐的属性了。服饰的规制逐渐完备，森严的等级制度的强化，让最能够代表人身份的服饰得到了巨大的发展，中华服饰的根基也由此奠定。

从平民的曲裾深衣到贵族的绢袍绅带，中华服饰基本元素中的袖子、纫、带、领、纽、衽等，都是形成于这一时期。尤其是秦汉天下一统，使得中华版图内服饰也日趋统一，实现了衣同衣，书同文。

到汉末魏晋时期，服饰则更多融入了周边其他民族的特点，在此基础上实现兼收并蓄的汉人服饰，在风格上大开大阖，在样式上去繁就简，并最终随同国力一起，在隋唐时期步入顶峰。

隋唐乃至于其后的五代和宋，中华服饰进一步发展，向上有复古的一面，服饰追求秦汉分等级、立规矩的典雅庄重，向下则有平民化、简单化、融合化，此时期的半臂套衫、回鹘装、东坡巾都体现了这一特点。

宋之后的元、明、清三朝，中华服饰再与草原民族融合，并经过朝代民族更迭的裂变，最终形成了今天中华服饰的样式，尤其是在西方文化涌入之后，中华服饰更体现出区别于洋服的一面，在美学上彰显了中华特色和中国人的追求。

服饰是一个民族最直观的美的体现，现代人虽然已经逐渐远离了中华传统服饰，但我们现代服饰的很多元素，依然摆脱不了祖先的影响。

回顾中华服饰的发展，看一看我们的祖先的穿戴，一则是对中华文化的了解，另一方面，也能够为您的生活增添些许乐趣。

# 目录

## 壹 先秦服饰

## 贰 封建时代服饰

# 目录

## 附录 中华传统服饰文化精粹——刺绣

# 壹 先秦服饰

## 第一节　远古时代的衣饰

300万年前，一群早期猿人出现在坦桑尼亚北部伽鲁西流域，他们分散在伽鲁西河畔低湿的水草和芦苇丛中，寻找鸟巢里的鸟卵和河蚌用以果腹。这是地球上最早的人类——早期猿人。早期猿人已具有人的基本特征，能制造简单工具，当然他们的形体还带有原始性。到了距今二百万年至三十万年前，地球上已经遍布直立人，他们的体形特征已近似现代人，能制造旧石器，并开始用火。又过了若干万年，人类进入早期智人阶段，他们生存于距今十万年至五十万年前，脑量已与现代人相当，已能制作多种石器，并发明了人工取火，产生了氏族公社。到了距今五万年到一万年前，人类进化到晚期智人即新人阶段，体质形态已基本与现代人相似，氏族公社已经确立，跨入人类原始社会阶段。

在人类漫长的进化过程中，服装出现的历史比较短，只有一两万年的时间。当人类从蒙昧中挣脱出来，氏族公社已经成立，大家制作工具、协同劳作的同时，服装的雏形也就出现了。此时的『服装』，已经具有其最原始的三个功能：御寒、护体、遮羞。

# 披鹿皮，顶鹿角

旧石器时代晚期。

这时地球上的气候变化得比较剧烈，有烈日当空的时候，也有大雨倾盆的时候。在原始人当中有个比较聪明的人就把树叶和草葛顶在头上，遮挡烈日的暴晒和大雨的浇淋。于是人人照着他的样子做，头顶着树叶草葛，在烈日和暴雨下行走和干活。所以大家都称他为“叶”。

那时候，人类的经济活动还是以打猎为主。这个大家称作“叶”的人逐渐意识到，要想有效地猎取动物，必须把自己伪装起来。埋伏在野兽必经的路上，当野兽出现的时候，突然发起攻击，成

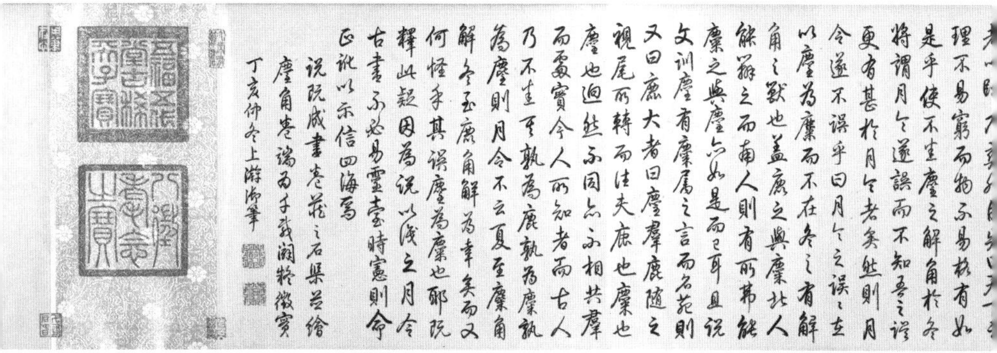

A

B

清·乾隆皇帝 《鹿角双幅》卷

A. 24.8厘米×206.4厘米；B. 25.1厘米×206.4厘米。从这幅画中可以看出，从远古时期开始直到近古时期，鹿角一直都是古人生活中重要的装饰品。

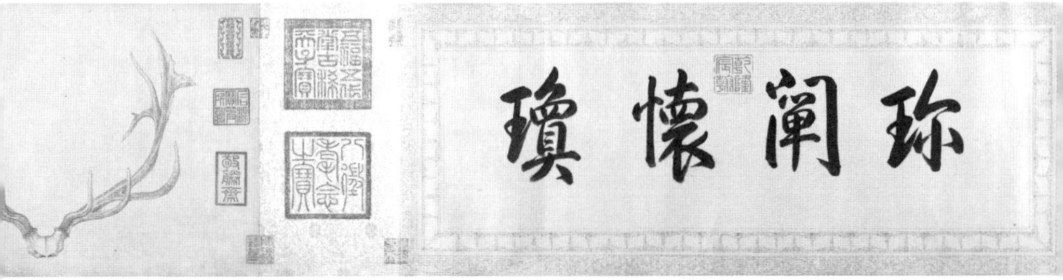
珎闌懷瓊

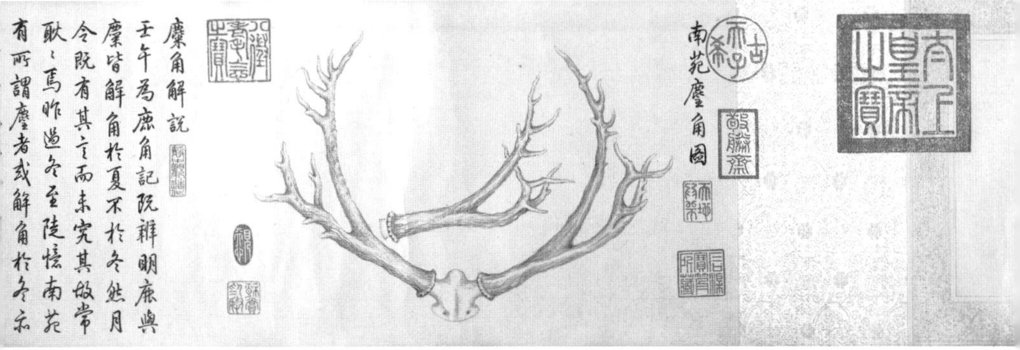
南苑麋角圖
麋角解說
壬午為鹿角記既辨明鹿與
麋皆解角於夏不於冬然月
令既有其文而未究其故常
耿耿焉昨過冬至陸憶南苑
有所謂麋者或解角於冬亦

功概率就会大大增加。他带领大家用草茎树叶将自己伪装得和周围的环境一模一样，等到猎物经过他们的埋伏圈时，大家木棍石块一齐上，狩猎的效果明显提高。于是，这个叫作“叶”的原始人就被大家推荐为首领，而他不经意的发明也为衣饰的起源奠定了基础。

又有一个叫作“角”的原始人，觉得仅仅靠伪装埋伏是不够的，还应该主动出击，尽量去接近猎物。接近到石头甚至棍棒能够有效攻击的位置，以便用自己手中的工具袭击野兽。要想接近目标，又不能被它发觉，“角”就把动物的皮毛裹在自己身上，把动物的头角顶在自己头上，屁股后面拖着动物长长的尾巴，把自己伪装成猎物的模样，向猎物靠近。大家看了“角”的样子，都跟着他学，披着鹿皮、顶着鹿角，手执棍棒和石头，爬在草丛中，等待猎物的到来。当启明星在东方的天穹边上闪烁的时候，鹿群终于出现了。它们小心翼翼地通过空旷的草地，来到河边。在鹿群的记忆中，原始人类已经不像他们的祖先那么调皮可亲，可以和平共处了。他们随时都会出现，手拿棍棒和石头将它们打倒、杀死。鹿群高度警惕，不但防备人类的攻击，而且还要小心猛兽的到来。它们一边喝水，一边注意着周围的动静，一有风吹草动，它们就准备逃跑。

这时候，“角”披着鹿皮，顶着鹿角，匍匐前进，慢慢向喝水的鹿群爬过来，后面跟着很多同样披挂的原始人。鹿群丝毫没有发觉危险正一步步向它们逼近。当一个原始人不小心弄出响动引起鹿群注意的时候，他那头上的鹿角和身上的鹿皮使得鹿群把他认作自己的同类，没有任何惊惧的反应。就这样，这群披着鹿皮的人突然出现在鹿群旁边，用树棒和石头向它们攻击。整个鹿群混乱不堪，被击倒的、相互践踏踩倒的不计其数。在“角”的带领下大家收获颇丰，满载而归。大家论功行赏，自然就把“角”推举为头领。

这个时候的“衣物”，简单明了，它的功能基本就是这样的，与后世完全不同。因为畜牧业和农业还没有出现，我们的祖先一直过着茹毛饮血的原始生活。当时的披挂穿戴，都是狩猎时所获的野兽皮毛和采集所得的树皮草葛。

# 麻类衣服的出现

这个时候，地球上的气候变冷，冰雪遍地，大块的冰随着半溶解的冰水，像河水一般流遍中国，这就是冰川时代。那时大地一片晶莹，成了明澈的琉璃世界。只有冰川不到的地方，才留有几丛青翠树林。这时的生物大半都已冻死，原始人类也历尽了千辛万苦，靠着他们几十万年劳动得来的经验，来渡过这可怕的冰川时期。

天寒地冻，万木凋零。原始人类的毛皮根本抵御不住那漫漫长夜里刺骨的寒冷。于是和其他生物一样，大批地死亡。这时候，有个智者使用燧木通过钻木取火的方法得到了火，使他周围的原始人侥幸生存下来，人们尊称他为“燧人氏”。燧人的部落住在洞穴里面，大家围着渐渐暗下去的火堆，度过严酷的寒冬。他们用树皮草茎裹身，把猎获的兽皮用石刀割下来，包裹在幼儿身上，幼童的成活率明显比以前高了许多，部落的人口也渐渐增多。兽皮多余的时候，他们自己身上都裹上了这种动物皮毛，保持身体的温度，来抵御严寒。当时他们用一整张兽皮披在身上取暖，后来渐渐发现，将兽皮束缚在身上，取暖保温和预防皮肤被树枝岩石划破的效果更好，于是他们用草蔓枝条将兽皮捆在腰间。所以说，燧人氏时代的人类就更加利落英武了。

石器、火和简单的“衣物”出现以后，猎取野兽变得比以前容易了许多，可以不用大量的人力了。于是，男人们出去打猎，女人因为哺乳幼儿的关系，常常留在山洞里，照顾小孩、缝制兽皮，或到附近采集野果草籽，预备树枝木棒等燃料。等男人们喊着叫着欢呼着歌唱着拖着打死的野兽抱着捕获的小兽回来的时候，女人们就动手开剥兽皮，男人们坐下来休息。日子一久，形成了男女分工的最初形态。

野兽打得多了，他们就想把几张兽皮拼凑起来，以便遮住全身。他们想了不知多少年，尝试了又不知多少年，终于有人在兽皮上穿了许多洞，另用兽皮切成细条，由洞穿过去，将兽皮一块一块地连接起来。在当时，要完成这个工作是非常困难的，首先穿洞时需要尖锐的工具，而他们这时掌握的石器已无用武之地，所以，他们还需创造出尖锐的器具来。之后，便有了“针娲”的故事。有一位聪明的女子忽然悟到：要是在磨尖的骨器的另一端钻个孔，就更容易带进皮条，可以加快连接皮子的速度。她用尖锐的石片，在磨尖的骨器的另一端挖了一个小孔，纫入皮绳，去连接兽皮，果然

## 骨针

原始人用骨头制成的缝纫工具。我们选了一组，加以说明。

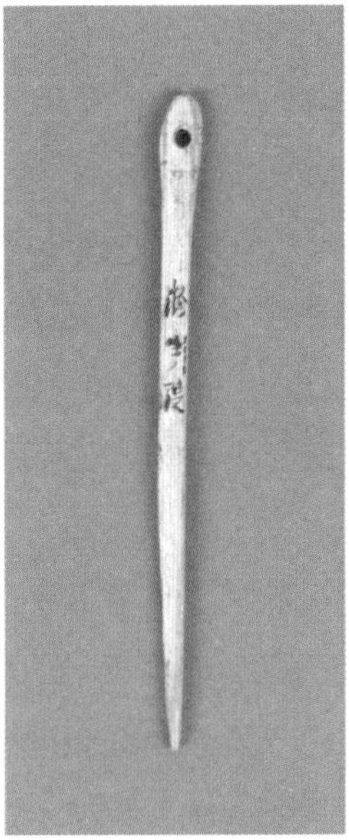

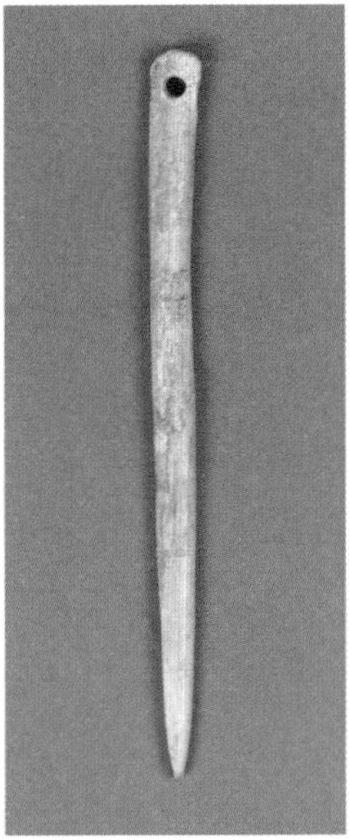

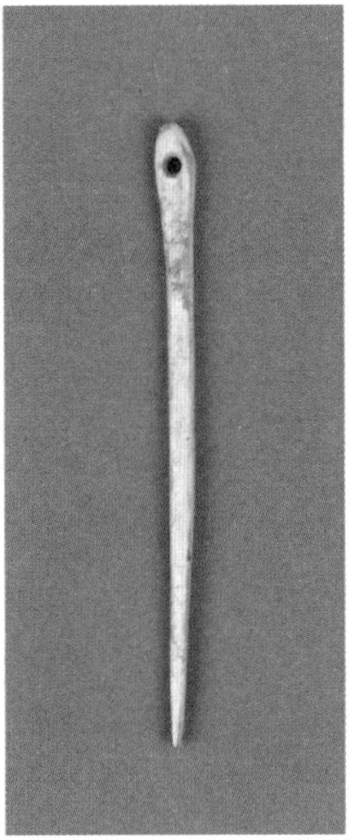

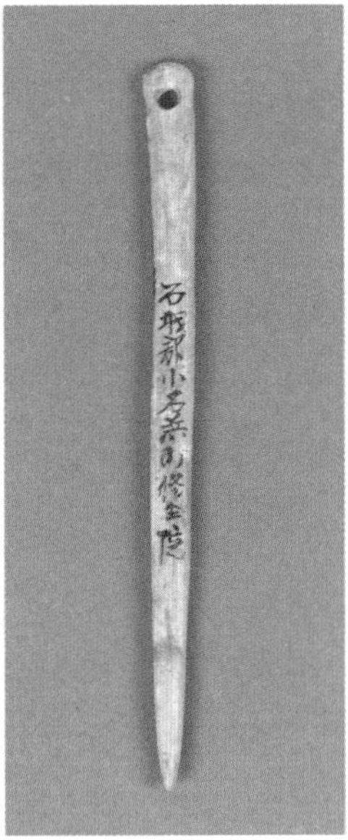

树皮衣

树皮衣是将树皮从树上剥下来，经敲打、浸泡、晒干等工序，简单缝制成衣。现在已经成为非遗技艺。

比锥洞连接来得又快又整齐。这样，经过非常细致的打磨和钻孔工作，这位聪明的女子居然做出了一枚骨针，也就是世界上的第一根针。有了它，缝制兽皮就方便多了，兽皮衣服也越做越好。部落里的所有女子都学着她的样儿制作了骨针，并尊敬地称呼她为“针娲”。

这一天，女人们采集了许多枯枝，预备带回来烧火，那个叫“针娲”的女子随手拔了一根长长的草茎来捆那堆枯枝。到了家里，她发现这根草茎十分坚韧，捆得非常结实，这又引起这了她的注意。她把这根草拿来细看，草里露出白色的纤维，用手一撕，坚韧得和皮条差不多。“针娲”就把它放在一边，预备下次捆树枝时再用。过了几天，她缝制兽皮衣服时，皮条用完了，一时间又找不到新的皮条，“针娲”便想到了韧性很大的白色草茎里面的纤维物，怀着试试的心态，从草茎上劈下一绺用，想不到它比皮条更适用，要粗要细，可以随意分劈。从此针娲领着妇女们得空便寻找这些植物，劈出它的纤维来连接兽皮，缝制衣物。再以后，女子们把它搓成绳子，粗的用于捆绑，细的用于缝纫，它们既光滑结实，又方便耐用。

从那时起，麻类就成为人类日常不可缺少的东西了。

到了夏天，他们觉得裹在身上的兽皮实在太热了，只好脱下来。那时的原始人类不但脱掉了体毛，而且有了兽皮缝制衣物的保护，已经变得“细皮嫩肉”，再也经不起风吹日晒雨淋和树枝草蔓的戳划。于是人们只得采摘些宽阔植物的叶片或剥些树皮，用绳连缀起来，披在身上，既凉快又能遮挡风雨。树皮和叶片毕竟没有兽皮结实，没穿几日，就破了。于是破了又连，缝了又补，补得次数多了，弄得横竖都是绳子，竟比树皮树叶都密实了。受了这个启发，以后人们索性不用树皮和叶子，只把麻绳来来回回结成片，织成像网子一样稀疏的麻片，围在身上。这种麻片如同现在的麻袋一般，似布非布，很粗糙，这就是人类最早的纺织品衣服。

在丝绸没有被认识以前，人们用于纺织的材料，主要是野生的植物纤维。其中有葛藤、苎麻、大麻和苘麻等。这些植物被采集起来，先后经过剥取、槌击、浸沤、脱胶、劈分、绩接等加工处理而成为线缕，再根据“结绳为网”的原理穿插纺织，即成为原始的“布”。

这个时期，兽皮做的衣物和麻葛做的衣物已成为人类衣饰的主要材料。其作用也大体分明：北方古人用来御寒，南方古人用来防蚊虫和蛇咬。所以北方出现了斗篷，南方出现了裙子。

# 伏羲时代的配饰

衣物的遮羞和美饰作用，是在人类形成了性羞耻与审美观之后才产生的。性羞耻来源于对本部落和其他部落异性的向往追求和占有过程，审美的感觉则出自对狩猎胜利的标记。

这时候，人类已经由狩猎向畜牧过渡。由于要放牧家畜，各氏族部落就需要抢夺水草丰美的地方。那些从事狩猎工作的男子就奋勇向前，举起对付野兽的武器，大战一场。被打败的自然只好逃走，得胜的不但占了牧场，还把对方来不及逃走的男女老幼及家畜器用一齐抢来，作为战利品。捉到男的，因为怕他们反抗，所以大半杀死，甚至煮了吃掉；捉到女的常常留下来，分给勇敢

**伏羲像**

选自明代仇英绘《帝王道统万年图》。伏羲是中国文献记载中最早的智者之一，在神话中是华夏民族的始祖，被奉为中华民族的『人根之祖』『人文之祖』。伏羲创立和发展的古代文明沿渭水到黄河流域，与其他民族相融合，形成了以炎黄部落为核心，以伏羲文化为本体的华夏民族。

的男子。那时的战斗大约经常发生，而男子在战斗中越来越显示出他们的重要作用，他们中最聪明、最勇敢的男人往往被拥戴为首领。女人因为生产和抚育儿女以及生理特点，地位不如男人了。随着时间的不断推移，父系制度占据了主导地位。

后来，伏羲氏族有位首领，即后世称作伏羲的，看见各氏族之间争战不息，互有损伤，对大家都没有好处，于是就提议大家和平共处，不要相互打斗。由于伏羲德高望重，所以大家都听从了他的建议，远古时代有意识的和平就这样出现了。伏羲召集各个部落首领开会，制定出相互之间交往的规矩：如果要得到其他氏族的女子，必须两个氏族商议同意，并由男方氏族赠送女方氏族鹿皮葛麻做的衣物、精美的贝类等作为聘礼。如果要其他氏族

鹿皮鞋

10.2厘米×26.7厘米。

的东西，也得用自己的东西去交换。这样，最早的婚“礼”和以物换物的买卖就初见端倪，而伏羲也成为部落联盟的领袖。

这时候，生活在中国土地上的人们，已经告别赤身裸体的时代，并且掌握了初步的缝纫技术，能用骨针来穿引线缕缝制衣物。伏羲教给人们用衣物遮盖身体，即使是盛夏，也要把私处遮蔽起来。这在异性面前就更有吸引力了。也就是从伏羲时代起，远古人类才有了羞耻感。当然，这种衣物的材料，仍不出兽皮、葛麻织物的范围。当时人们用来制作衣服的主要有獾、赤鹿、斑鹿、狐狸、野兔、野牛和羚羊等皮。织物则以葛、麻为主。至于用来穿缀的线缕，则是经过加工处理的动物韧带和葛麻纤维。伏羲还教人们把兽齿、鱼骨、河蚌和海蚶壳等经打制、研磨和钻孔串联成头饰、颈饰和腕饰等装饰品，以记录自己狩猎的功绩。它们大小不一，有圆有扁，尽管今天看来很粗糙，但足以说明伏羲时代的人类已懂得佩戴饰物以表示对渔猎胜利的纪念，并美化自己。

## 第二节　英雄时代的衣饰

中国的英雄时代，起源于氏族部落林立的远古。随着畜牧业和农业的出现，对牧场土地以及财产的争夺也就出现了，氏族部落间的征战开始发生，男性的作用也就渐渐凸显。那时候，父系社会渐渐替代母系社会，原始的农业和手工业开始形成，人们渐渐学会将采集到的野麻纤维抽取出来，用石轮或陶轮搓捻成麻线，然后再织成麻布，做成更进一步适应人体要求的衣服。这是人类服饰发展的一个新开端，也是人类社会进步的一个重要标志。

衣服的样式是从简洁单一到繁缛复杂一步步发展起来的。最初的衣饰极其简单。在寒冷的北方，不分男女老少往往都披一件完整的兽皮。后来在兽皮中央穿个洞，或者在兽皮一端切个口，就形成了所谓『贯头衣』或『斗篷』这种衣服。在气候温暖地区，人们最初只是用一块麻葛编织物把下身围起来，这就是最早的裙子。

帽子和鞋，是伴随衣服产生的。人们最初把一片树叶或树皮顶在头上以避免烈日炙烤、大雨淋湿，这些树叶和树皮就是最古老的帽子。后来人类用兽皮或布帛裹头。人们用来裹脚的防止荆棘碎石、抵御冰雪严寒的兽皮或树皮，就是最初的鞋子，后来这种裹脚的东西渐渐发展为鞋和袜子。

# 黄帝垂衣裳而治天下

黄帝以前，人类的衣物非常简单，大家不分男女老少，披着兽皮制作的如同斗篷一样的贯头衣，腰间束一根草绳。这种贯头衣长可以到大腿，遮蔽了隐私部位，但往往在行走奔跑时将下部暴露无遗。黄帝别开生面，穿着有袖子的上衣和两端开衩的下裳出现在大家面前。从这个时候开始，人类身上穿的，才可以称作“衣服”。

黄帝部落和炎帝部落是当时最为强大的两个部落。他们最初

**黄帝**

选自《古今君臣图鉴》。黄帝为三皇中的地皇，是华夏族部落联盟的首领，因统一了中华民族而被尊为中华民族的始祖。相传古代帝王尧、舜、禹及夏、商、周三代首领均为黄帝的后裔。他是少典之子，本姓公孙，因长居姬水，所以改姓姬，居轩辕之丘（在今河南新郑西北），故号轩辕氏，建都于有熊（今河南新郑），亦称有熊氏，因有土德之瑞，故号黄帝。有嫘祖、嫫母等四位夫人。有后世学者认为黄帝时代是中国远古史上大洪水发生以前最强盛的时代。

居于现今陕北的黄土高原上，渭水上游一带，黄帝的轩辕族偏北一些，炎帝的神农族稍南一些。在他们向东迁移扩张的时候，黄帝轩辕族的路线偏北一些，东渡黄河之后，沿着中条山、太行山的山边地带，走到今河北省的北部；炎帝的神农族则偏南一些，顺着渭水和黄河两岸走到今河南以及冀南、鲁东北一带。也就是说，黄、炎两族是从黄河上游地区向中、下游发展的。在林立的氏族部落之中，黄帝部落、炎帝部落之所以能够脱颖而出，成为远古中国部落联盟的核心力量，其中一个重要原因就在于它们在相当长的一段时间里，经过了长途迁徙，与许多氏族部落接触，不但吸取了别族的长处，而且也经历了磨炼。

英雄本色不仅表现在率部族迁徙过程中不畏艰险的顽强精

## 炎帝

清代佚名绘。炎帝又称赤帝、烈山氏，名石年，相传他牛头人身，是以羊为图腾的氏族的首领。据《国语·晋语》载：『昔少典娶于有蟜氏，生黄帝、炎帝。黄帝以姬水（今陕西武功县漆水河）成，炎帝以姜水（今陕西宝鸡市清姜河）成。成而异德，故黄帝为姬，炎帝为姜。二帝用师以相济也，异德之故也。』这是有关炎帝和黄帝诞生地的最早的记载。他们是起源于陕西省中部渭河流域的两个血缘关系相近的部落首领。后来，这两个部落为争夺领地展开阪泉之战，黄帝打败了炎帝，两个部落渐渐融合成了华夏族。华夏族在汉朝以后称为汉人，唐朝以后又称为唐人。炎帝和黄帝也是中国文化、技术的始祖，传说他们以及他们的臣子、后代创造了上古时期几乎所有的重要发明。关于炎帝和神农的关系，有一种说法认为，第一世炎帝叫神农，他的时代比黄帝的时代大约早几百年。而和黄帝同一个时代的炎帝是第八世炎帝，叫榆罔。炎帝有名的后裔有蚩尤氏、烈（厉）山氏、共工氏、四岳氏、祝融、伯夷等。

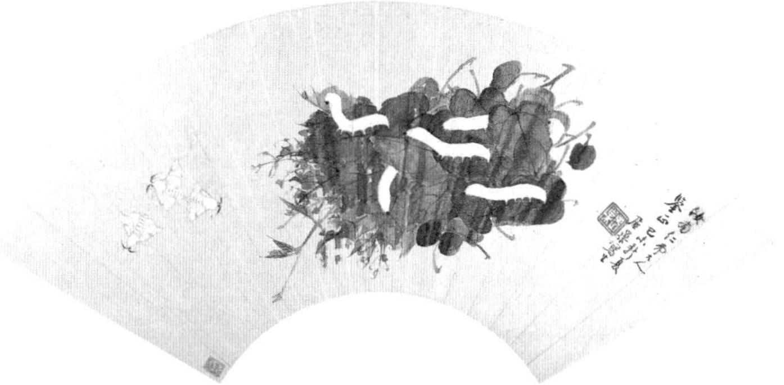

《蚕蛾扇面》18.4厘米×53.3厘米。

神，而且还显露于统率兵力对外征服过程中部落首领的勇猛威武和辉煌战绩。中国英雄时代的战争最为人们津津乐道的是黄帝、炎帝与蚩尤的战争。蚩尤与炎帝本是同一部落，但后来单独向南发展，是南方多个氏族部落联盟的首领，最初可能居于今豫东、苏北一带，威武勇猛。黄帝、炎帝两族向东发展的时候，由于炎帝族迁徙路线偏南，所以炎帝族与蚩尤族相遇。据说蚩尤族已经掌握了原始的炼铜方法，制造了铜兵器，锐利无比。蚩尤族披坚执锐，力量非常强大，又有敢于追赶太阳的夸父冲锋陷阵，所以百战百胜，所向披靡。每次交锋，蚩尤身披斑斓的虎皮、头戴双角的铜盔、手执铜刀，战斗力非常强。炎帝族的人用的还是石刀木棍，怎能抵抗使用铜刀铜斧如狼虎一样的敌人？于是炎帝大败，弃了国都，逃到现在的河北省涿鹿一带。炎帝不但败在蚩尤手下，而且在接下来的涿鹿之战中，炎帝的地盘丧失殆尽。炎帝非常害怕，便求助黄帝。于是黄帝调集人马，汇合许多勇猛如虎豹熊罴的氏族和蚩尤决战，最后大获全胜。黄帝在现在的河北省中部一带捉

## 元·程棨摹宋代楼璹蚕织图

32厘米×1232.5厘米。相传嫘祖从种桑养蚕开始教会了民众纺织。本书特选《蚕织图》来展示古代纺织过程。《蚕织图》描绘的是宋代江浙一带蚕织户养蚕、织帛的生产过程，自『腊月浴蚕』开始，到『下机入箱』为止。图中人物的神态举止惟妙惟肖，桑树、户牖、几席蚕具、织具等栩栩如生，极具写实之风。画上有配诗，对蚕织生产的各个环节均加以说明。二十四事分别为：浴蚕、下蚕、喂蚕、一眠、二眠、三眠、分箔、采桑、大起、捉绩、上簇、炙箔、下簇、择茧、窖茧、缫丝、蚕蛾、祀谢、络丝、经、纬、织、攀花、剪帛。

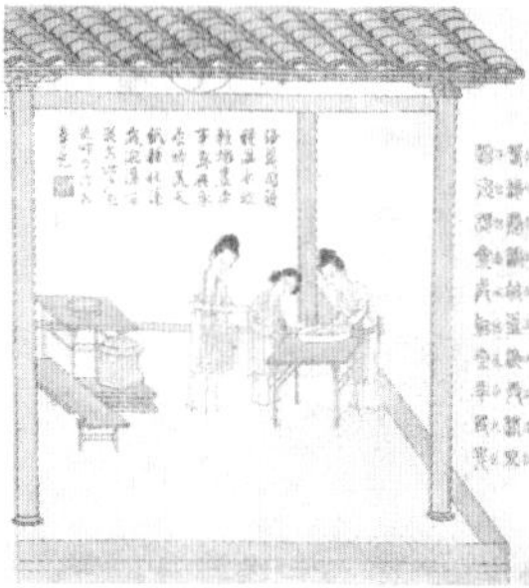

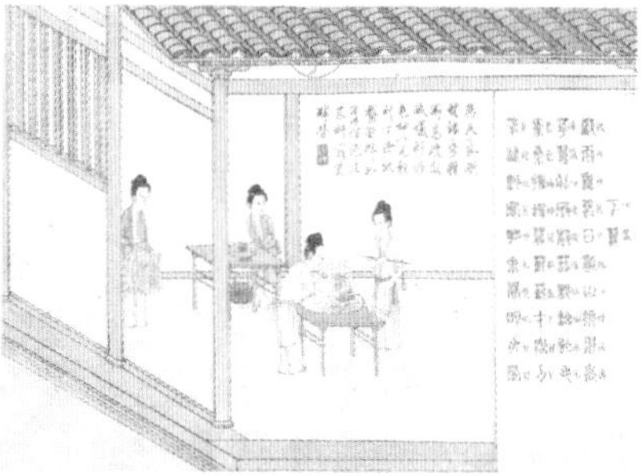

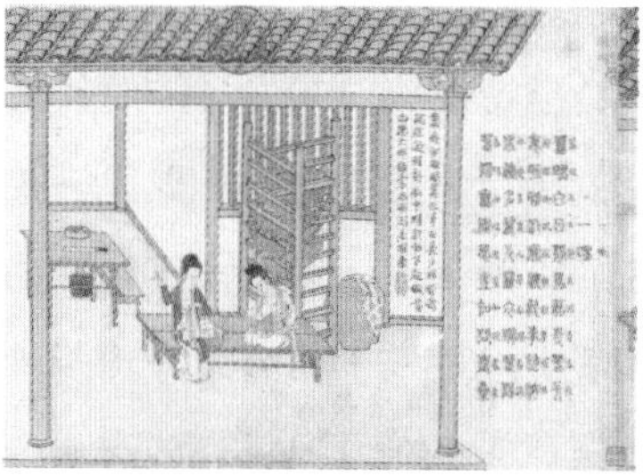

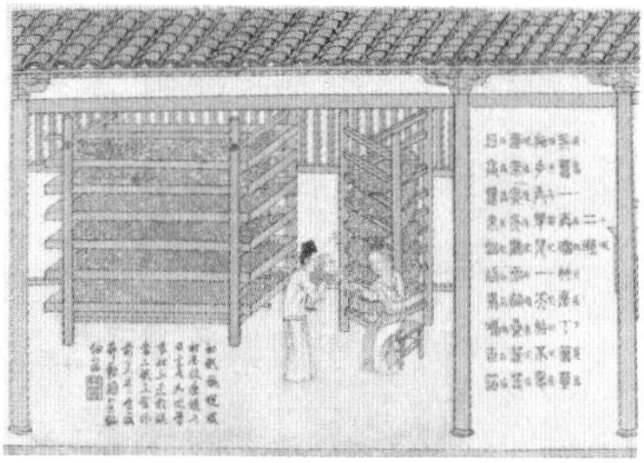

1|2
3
4|5

1. 浴蚕

农桑将有事，时节过禁烟。
轻风归燕日，小雨浴蚕天。
春衫卷缟袂，盆池弄清泉。
深宫想斋戒，躬桑率民先。

2. 下蚕

谷雨无几日，谿山暖风高。
华蚕初破壳，落纸细于毛。
柔桑摘蝉翼，簌簌才容刀。
茅檐纸窗明，未觉眼力劳。

3. 喂蚕

蚕儿初饭时，桑叶如钱许。
扳条摘鹅黄，藉纸观蚁聚。
屋头草木长，窗下儿女语。
日长人颇闲，针线随织补。

4. 一眠

蚕眠白日静，鸟语青春长。
抱胫聊假寐，孰能事梳妆。
水边多丽人，罗衣踏春阳。
春阳无限思，岂知问农桑。

5. 二眠

吴蚕一再眠，竹屋下帘幕。
拍手弄婴儿，一笑姑不恶。
风来麦秀寒，雨过桑沃若。
日高蚕未起，谷鸟鸣百箔。

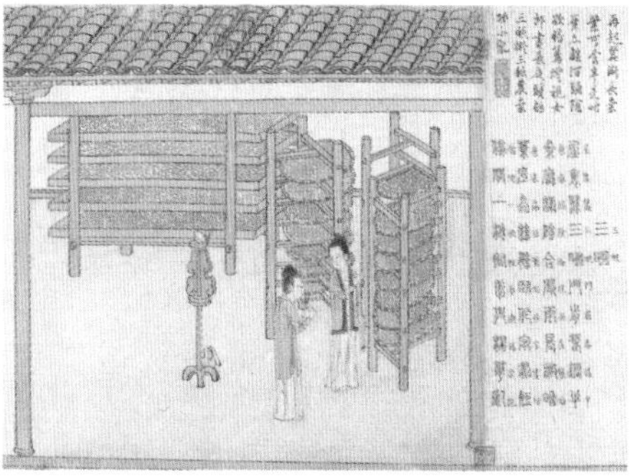

| | |
|---|---|
| 6 | 7 |
| 8 | 9 |
| 10 | 11 |

6. 三眠

屋里蚕三眠，门前春过半。
桑麻绿阴合，风雨长檠暗。
叶底虫丝繁，卧作字画短。
偷闲一枕肱，梦与杨花乱。

7. 分箔

三眠三起余，饱叶蚕局促。
众多旋分箔，早晚磓满屋。
郊原过新雨，桑柘添浓绿。
竹闲快活吟，惭愧麦饱熟。

8. 采桑

吴儿歌采桑，桑下青春深。
邻里讲欢好，逊畔无欺侵。
筠篮各自携，筠梯高倍寻。
黄鹂饱紫葚，哑咤鸣绿阴。

9. 大起

盈箱大起时，食桑声似雨。
春风老不知，蚕妇忙如许。
呼儿刈青麦，朝饭已过午。
妖歌得绫罗，不易青裙女。

10. 捉绩

麦黄雨初足，蚕老人愈忙。
辛勤减眠食，颠倒着衣裳。
丝肠映绿叶，练练金色光。
松明照夜屋，杜宇啼东风。

11. 上簇

采采绿叶空，翦翦白茅短。
撒簇轻放手，蚕老丝肠嫩。
山市浮晴岚，风日作妍暖。
会看茧如瓮，累累光眩眼。

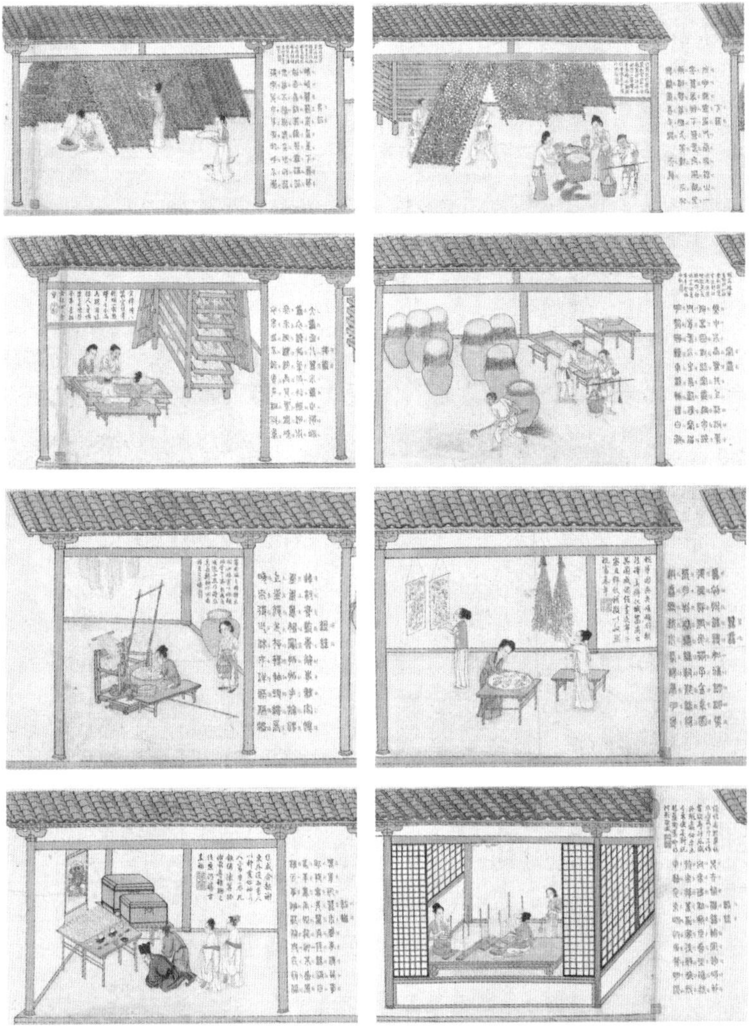

| | |
|---|---|
| 12 | 13 |
| 14 | 15 |
| 16 | 17 |
| 18 | 19 |

12. 炙箔

蔟蔟爇薪炭，重重下帘幕。
初出虫结网，遽若雪满箔。
老翁不胜勤，候火珠汗落。
得闲儿女子，困卧呼不觉。

13. 下簇

晴明开雪屋，门巷排银山。
一年蚕事办，下簇春向阑。
邻里两相贺，翁媪一笑欢。
后妃应献茧，喜色开天颜。

14. 择茧

大茧至八蚕，小茧止独蛹。
茧衣绕指柔，收拾拟何用。
冬来作缥絖，与儿御寒冻。
衣帛非不能，债多租税重。

15. 窖茧

盘中水晶咸，井上梧桐叶。
陶器固封泥，窖茧过旬浃。
门前春水生，布谷催畚锸。
明朝蹋缫车，车轮缠白氎。

16. 缫丝

连村煮茧香，解事谁家娘。
盈盈意媚灶，拍拍手探汤。
上盆颜色好，转轴头绪长。
晚来得少休，女伴语隔墙。

17. 蚕蛾

蛾初脱缠缚，如蝶栩栩然。
得偶粉翅光，散子金粟圆。
岁月判悠悠，种嗣期绵绵。
送蛾临远水，早归属明年。

18. 祝谢

春前作蚕市，盛事传西蜀。
此邦享先蚕，再拜丝满目。
马革裹玉肌，能神不为辱。
虽云事渺茫，解与民为福。

19. 络丝

儿夫督机丝，输官趁时节。
向来催租瘢，正为坐踰越。
朝来掉篗勤，宁复辞腕脱。
辛勤夜未眠，败屋灯明灭。

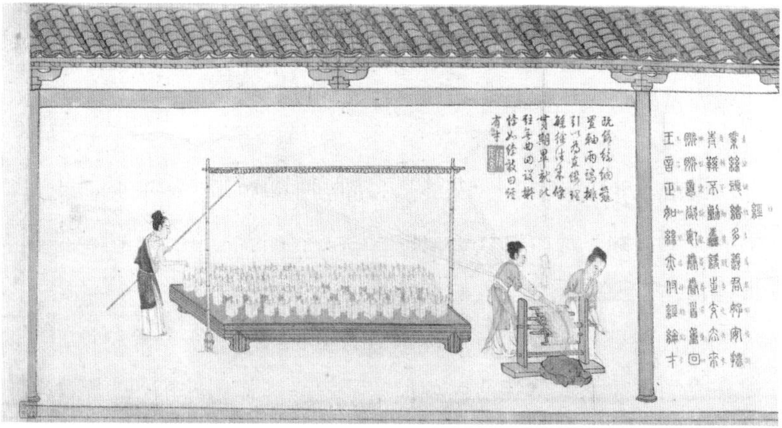

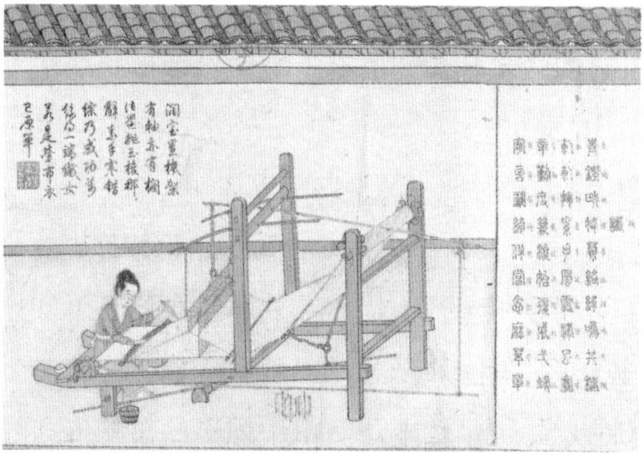

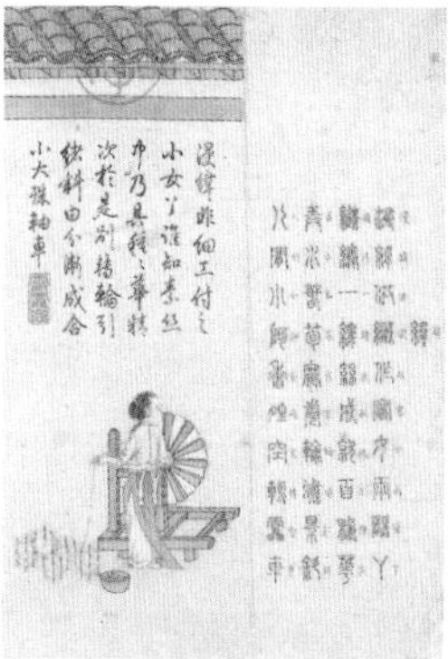

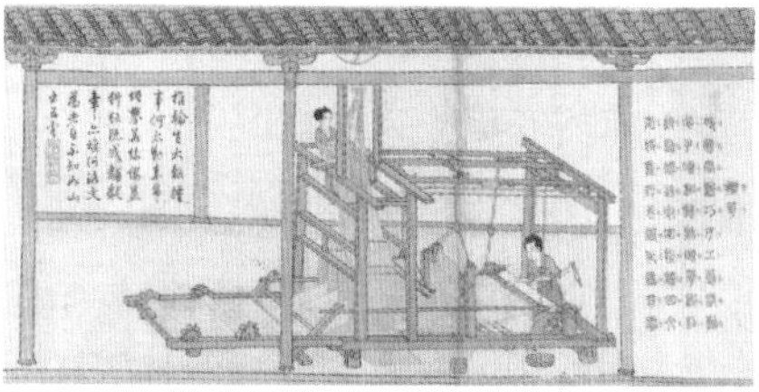

20 | 21 22 | 23 11

20. 经

素丝头绪多，羡君好安排。
青鞋不动尘，缓步交去来。
脉脉意欲乱，眷眷首重回。
王言正如丝，亦付经纶才。

21. 纬

浸纬供织作，寒女两髻丫。
缱绻一缕丝，成就百种花。
弄水春笋寒，卷轮蟾影斜。
人闲小阿香，晴空转雷车。

22. 织

青镫映帏幙，络纬鸣井栏。
轧轧挥素手，风露凄已寒。
辛勤度几梭，始复成一端。
寄言罗绮伴，当念麻苧单。

23. 攀花

时态尚新巧，女工慕精勤。
心手暗相应，照眼花纷纭。
殷勤挑锦字，曲折读回文。
更将无限思，织作雁背云。

24. 剪帛

低眉事机杼，细意把刀尺。
盈盈彼美人，剪剪其束帛。
输官给边用，辛苦何足惜。
大胜汉缭绫，粉涴不再著。

住蚩尤，将他杀掉。这是一场旷日持久的、规模巨大的原始部落战争。

杀了蚩尤以后，天下太平了，黄帝也开始了他垂衣裳而治天下的伟大实践。那个时代以前的衣物，衣服没有袖子、帽子没有顶盖、鞋子没有鞋帮、人们衣衫褴褛，远远看去，像一群怪兽。黄帝教人把裹身的衣物分成两部分。上身的“衣”是缝制袖筒、前开式的衣装，下体的前后各围一片起遮障作用的东西，整个看上去类似现在的裙子，所以下裳也叫裙裳。裳最初作用是遮护性器官，而黄帝更强调了它的遮羞功能。上衣下裳的衣饰形制是中国古代最早的服装款式。

黄帝时代，可说是中国上古时期服装形制的发端。

随着服装形制的初步形成，其质料也逐渐由纺织品代替兽皮。黄帝又命元妃西陵氏（名叫嫘祖）教人们养蚕。那时人们还不知道蚕的用处，所以养得不多。嫘祖就从种桑、喂蚕开始，一步步教大家。然后再教人们缫丝、织帛等方法。由于织出的帛比麻布光滑细润，再染上颜色，自然吸引人眼球。随之养蚕织帛的人也就越来越多了。当时的服饰色彩及纹饰多取象于自然景况和现象，并把日月山川及鸟兽虫草之纹用在衣裳的装饰上。

黄帝结束了原始先民披兽皮束麻葛的历史后，人们的形象也发生了巨大的变化，与以前相比，有天壤之别。

# 唐尧有丝帛而不穿

到了唐尧时代，人们依旧过着日出而作日落而息的古朴生活。

尧节俭、朴素、顾念人民，是个好君主。尧身为国君，住的房子只用粗糙的木头和泥土搭建，屋里的柱子连树皮都没有剥掉。房顶上覆盖着茅草，为了节省人工，连草都没有剪平，参差不齐地挂落下来。尧每天的饮食也非常简单，吃的是糙米饭，喝的是野菜汤，使用的器皿不过是些泥碗土钵盂。尤其是衣服，丝、帛、狐、貂一类较为贵重时髦的穿戴尧没有一件。常年一套粗麻布衣裳，到了冬天，就加上一件在当时来说最为普通的鹿皮披衫遮挡风寒。

## 帝尧

尧名放勋，帝喾次子，初封于陶，又封于唐，故号陶唐氏。其号曰尧，称唐尧，为上古时期的圣贤君王，史称『其仁如天，其知（智）如神。就之如日，望之如云。富而不骄，贵而不舒』。唐尧的部族活动于今河北省唐县至望都一带的滹沱河流域。后来因常受唐河、滹沱河水患侵害，唐尧便带领部族西进向高处迁徙，进入了今山西省境内，最后来到了汾河中游的河谷地带，即今太原盆地。后来唐尧的部族和太原先民共同创造了太原的龙山文化。其在位百年，有德政，做到了『九族既睦』。

尧为百姓操劳，不分昼夜，以至于神人送他的长生松子都没有时间服用。百姓们听说当国君的尧不但勤于国事，为人们鞠躬尽瘁，而且过的是如此简朴节俭的生活，没有不拥戴他的。

在尧执政时，国内有饿肚子的，他便吃不下饭；有受冻的，他便睡不着觉。尧穿着和普通百姓同样粗糙的衣服，吃着和普通百姓同样粗糙的饭食，所以即使国家连遭了旱灾、水灾，人们对他仍旧是衷心拥戴，毫无怨言。

尧同时又是一个非常细心的人，每件事情都替人民打算。那时中国农业兴盛，虽然黄帝已经制定了年，可是春夏秋冬还没有分配详细。每年农民撒种插秧，只靠个人的经验，没有什么标准。往往不是太早，就是太迟，自然收成也大受影响。尧觉得这是天下最大的问题，便派了羲和等四人，去东南西北四方测量日影，分好春夏秋冬和十二个月，还定了闰月。从此中国有了靠得住的农历，农民种起田来，非常方便，再也没有太早或太迟的弊病了。

尧治理天下，大公无私。他处处为人民办事情，并不要求回报。他治理国家的标准也很特别：如果人民没有感觉他的存在，就说明他的治理是成功的，尧就会非常高兴。

有一年，尧外出考察民情。他来到的这个地方，不管男女老少都是笑容满面，好像一点心事也没有，尧感到很惬意。偶然看见一个头发斑白的老农，独自玩着“击壤”的游戏，尧便走了过去。老农见一个穿着麻布上衣葛布下裳的人向他走来，根本没想到这就是尧，继续玩他的游戏。老农拿着两个木制的名叫壤的板，一个壤放在地下，用另一个壤抛出去击它，一面抛击，一面还唱着歌，他唱道：

日出而作，
日入而息，
凿井而饮，
耕田而食，
帝力于我何有哉?

歌词的意思是：每天我太阳出来就起身工作，到太阳落山我才休息，我自己打井来喝水，自己种地来吃饭，尧的恩泽对我来说有什么呢?

听了农人唱这样的歌谣，尧心里非常高兴，就鼓励大家一起唱这首歌。这首歌就是非常有名的《击壤歌》。

# 娥皇、女英送给舜帝的礼品

到了舜的时代，纺织和染色技术有了相当的发展，首领们的礼服已经十分考究，衣裳被染成彩色，又画上了日月星辰、飞龙、鱼虫等各种图案，头上也戴了垂珠玉的冕。但是舜是头戴竹笠，身披葛衫，脚踏草鞋，常常出现在劳动人民中间。

在这之前，尧帝年龄已大，自忖精力不济，想寻一个有才有

**帝舜**

中国古代传说中父系氏族社会后期部落联盟的首领，名重华，传说是黄帝的八世孙，因生于姚墟，故姓姚，冀州人。舜受尧的禅让而称帝于天下，建都蒲阪（今山西永济），国号『有虞』，故号为『有虞氏帝舜』。他是与尧、禹齐名的古代圣贤君王。相传因四岳推举，尧便命他摄政。尧去世后他继位，又咨询四岳，举贤任能，并选拔治水有功的禹做了继承人。

德的人，把帝位让给他，以便管理国事。尧和四方部族的首领商议，首领们推荐了虞舜。原来虞舜是瞽瞍的儿子。他母亲早死，父亲娶了后母，生了一个弟弟，名象。从那时起，瞽瞍他们三人都憎嫌舜。但是舜竭力孝敬，一家人过得还算和睦。四方首领认为，像舜这样的人，一定可以担当大任。尧听了四方部落首领的建议，觉得有必要试一试舜，看他是不是像四方部落首领说的那样，便把两个女儿娥皇、女英嫁给舜为妻，又命自己的九个儿子和舜一同劳作，以便观察舜的为人。

虞舜因为死了母亲，父亲瞽瞍听信妻子和小儿子象的话，也不疼爱舜。然而舜全不当回事儿，依旧勤勤恳恳，该做什么就做什么。舜到历山（就是现在的山西省雷首山）去种田，准备开垦大片的荒地。那时山上大象很多，常常到舜耕作的地方来，用鼻子翻开泥土寻找地下球茎草根来吃，还有许多野鸟也来寻找草籽啄食虫蛹。这样，舜开荒的进度就快了。后来，附近的人看见舜勤耕的收入很是不错，便也陆续来开垦荒地，和舜一同劳作。由于大家的田都在一起，难免因为地界起一些争执，但舜总是和气谦让做表率。大家以舜为榜样，自然也就不好争执。舜农闲时去雷泽钓鱼，因为位置有好有差，舜也是相让有礼。雷泽的人看见舜谦逊和气，也都学他的样子，不好意思争执。后来舜又去河滨做陶器，做时十分认真，不合适的就重新再做，做好才罢手。那时河滨的人做的陶器，十个之中，有九个歪的，质量非常不好。看见舜那样认真细心地去做，都觉得很惭愧。再看看舜做的陶器，精致漂亮，很是羡慕，慢慢地也就做精致了。从此以后，舜做什么，大家都跟着他做什么。加上他为人和气，大家就更喜欢他了，所以他住的地方，只用一两年，就变成十分热闹的地方了。

大伙儿越是拥戴舜，舜的弟弟象就越忌妒他。象和母亲在瞽瞍面前说了舜许多坏话。瞽瞍听信谗言后，也认为舜不好，便叫舜去修补仓廪。瞽瞍对舜说："这仓廪顶子漏了，要趁晴天把它修补好，到了下雨就来不及了。你爬上去修。"舜恭恭敬敬听从了瞽瞍的命令，回宫告诉娥皇、女英，准备器具物品。

当时舜给娥皇和女英说维修仓廪的事情，她们二人情知瞽瞍不怀好意，但又不能劝阻舜去做这个工作，便一人编了一个大竹笠，给舜遮挡灼热的太阳。也就是从那时起，我国远古时代的先民们有了遮阳蔽雨的斗笠以及草帽。舜戴着娥皇、女英发明的竹笠，取了梯子，爬上仓廪顶部，顶着烈日干活。正当舜一心一意修补仓顶的时候，象在下面悄悄把梯子拿走，接着就在仓廪的四

象鳥耕耘紀為先
重華聖孝古無倫
鳳儀獻舜虞廷瑞
因是當年感格神

大舜孝感動天

臣徐郙敬題

明·仇英　大舜孝感动天

31.2厘米 ×22.3厘米

清 佚名 舜耕历山

此图描述的是舜性至孝，感动天地，他耕于历山时，有象为之耕，鸟为之耘。帝尧闻之，把自己的女儿嫁给了他，最后还将天帝位禅让给了他。『象耕鸟耘』的传说便由此而来。

## 清·周培春　娥皇女英图

传说她们是尧的两个女儿，姐姐叫娥皇，妹妹叫女英，也称『皇英』。舜的父亲、后母和弟弟品质恶劣，曾多次想置他于死地，后都因娥皇、女英的帮助而脱险。舜继尧位后，励精图治，娥皇、女英也鼎力协助舜为百姓做好事。后来舜到南方巡视，死于苍梧。二妃追寻到此处，泪洒青竹，竹上生斑，后世称其为『潇湘竹』或『湘妃竹』。娥皇、女英痛不欲生，便跳入波涛滚滚的湘江，化为湘江女神。自秦汉时起，湘江之神湘君与湘夫人的爱情神话，便演变成了舜与娥皇、女英的传说。后世附会称二女为『湘夫人』。这一故事多被诗人、画家和作家用作素材。

周放起火来，打算把舜烧死。这时候，火焰升腾，浓烟滚滚，整个仓廪全部开始燃烧。舜在仓顶，看见四下火起，连忙找寻梯子，可哪还有梯子的影儿？只有弥漫的黑烟和越逼越近的火海。舜急中生智，把娥皇、女英交给他的两个竹笠，一边一个，挟在左右胁下，像鸟儿一般，从仓廪上面冒险往下跳。火大风狂，竹笠被热风张开托起，飘飘荡荡，落在离着火的仓廪很远的地方，舜才得以脱离了危险。舜心里明白，这一定是象的毒计，但一来没有证据，无法和他理论，二来舜不愿意兄弟之间势不两立，于是舜像根本没有发生过什么事情一样，对待象和平日一般。象心里惭愧，也就不好意思再去陷害舜了。

舜帮尧治理国家许多年，兢兢业业，任劳任怨，宽容厚道，深得民心。尧觉得他品德高尚，便决定把帝位让给他。这种让位，叫禅让。

舜在娥皇、女英的协助下，将国家治理得很好。人民丰衣足食，人与人之间没有争斗，而且天遂人愿，风调雨顺。于是舜做了一首《南风歌》，以便记载当时的景况。歌里说：

温暖和蔼的南风啊，
使我的百姓不受冷冻；
知时应节的南风啊，
使我的百姓财富大增。

从这首歌里可以看出，舜也是个一心一意为人民着想的平民帝王，真不愧是尧的继承人了。

若干年后，舜帝南巡，到了苍梧，不料就此染病，离开了人世。舜去世后，葬在九嶷。娥皇、女英接到凶信，恸哭不止，一直哭到眼睛流出血来。泪痕洒在竹子上面，染得竹子斑斑点点。湘水洞庭君山出产一种斑竹，又名湘妃竹。上面有点点紫晕斑痕，传说就是二妃血泪所化。娥皇、女英最后双双投水而死，葬在南岳衡山上面。后人在湘水旁边立庙祭祀这两位女子，名为黄陵庙，香火延续至今。

# 寂寞嫦娥舒广袖

后羿是有穷国国君，猿臂善射，勇武过人，附近的几个小诸侯国都很惧怕他。后羿不但武力超群，而且喜欢征战，以打仗为乐。他率兵攻打有仍氏国，临出征前，回到自己宫内，和妻子嫦娥道别，告诉她出兵的事情。嫦娥是天下最美丽的女人，她头戴碧玉琢磨的簪笈，身穿锦绣的衣裳，脚踏丝织的鞋子，普通百姓大多是短衣弊裳，根本不能与之相提并论。

嫦娥知道后羿贪得无厌，并且爱慕有仍氏国的美女玄妻的容貌，这次出兵，一定别有用意，所以闷闷不乐。那个时候，一旦发生战争，战胜国往往把战败国的人民随意掳来，男的作为奴隶，女的作为妾婢。但是嫦娥深知后羿暴虐成性，劝谏无益，只好默默不语。后羿看嫦娥不高兴，有心想哄她，可不知怎么办才好。忽然想起一件事情来，便从腰里掏出一包药，交给嫦娥。后羿对她说，那是西王母炼制的灵丹妙药，人吃下去可以长生不死。这种药是非常稀有的，在西王母国里，也不容易得到。后羿告诉嫦娥，那一年路过西王母国，好不容易才问西王母求到这一点点儿。本要吃下，但因为吃的时候，还有种种麻烦，一时没有工夫，所以搁在这里。现在就要出兵，更加腾不出时间，他让嫦娥替他收起来，等他凯旋，和嫦娥一起吃，共同升天，长生不老。

嫦娥十分顺从地接过来，代他收起。按照习惯，嫦娥备办酒席，给后羿送行。酒席中间，嫦娥两次三番想要劝谏后羿，但是想了又想，知道说了也是白说，又把话咽了下去。后羿一心只想出兵，哪有心思来察言观色，饮酒到天黑，然后带醉睡去。到了次日，后羿带了军队，浩浩荡荡，向有仍氏国杀去。有仍氏国哪经得起有穷国的攻击，几仗下来，国破人亡。后羿得胜回国，带着掳到的玄妻，一路得意扬扬，趾高气扬地回到有穷国。早有守国的大臣跑出城外迎接，众口同声称贺后羿英勇无敌，不费吹灰之力，便大功告成。后羿哈哈大笑，接受了群臣的恭维后，随即回宫见嫦娥。

来到宫外，没想到妻子嫦娥并未出来，只有一排宫婢俯伏在地迎接。后羿非常吃惊，便问嫦娥的去向。宫婢们面面相觑，都答不上来。后羿勃然大怒，喝退宫婢，自己跑入宫中，四处寻找，并没见到嫦娥的踪影。后羿大发雷霆，一面派人寻找嫦娥的下落，一面严刑拷打宫中奴婢，要她们说出嫦娥去向。其中有一个嫦娥

清·周培春　嫦娥图

嫦娥也叫姮娥，为神话人物，是后羿的妻子。据说大羿与姮娥开创了一夫一妻制的先河。有关嫦娥的身世说法很多，有说嫦娥和常仪是同一个人。『常仪，帝俊妻也。』帝俊就是帝喾。还有一种观点认为她是帝喾和常仪的女儿。

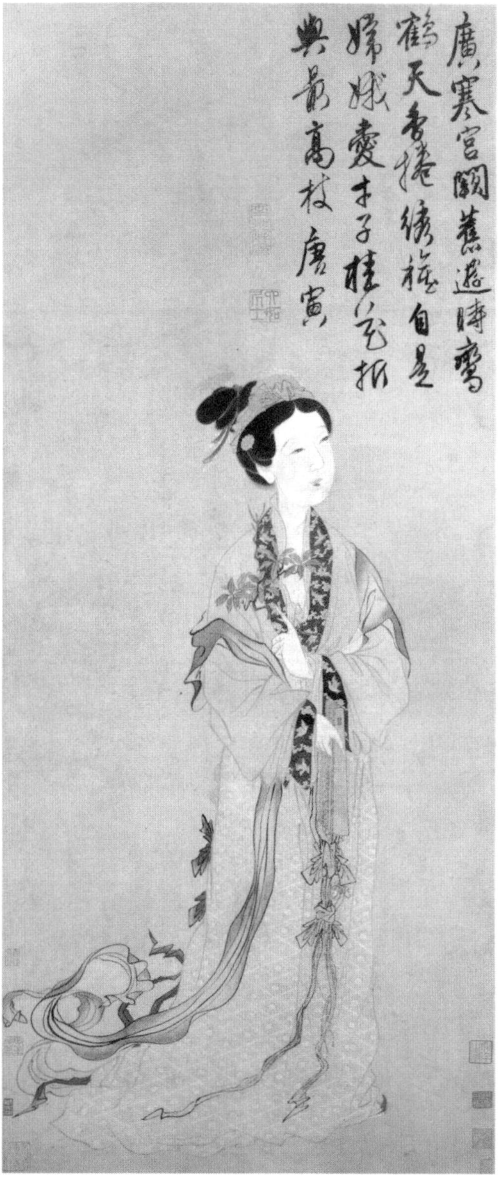


**明・唐寅　嫦娥执桂图**

唐代诗人李商隐曾写：『嫦娥应悔偷灵药，碧海青天夜夜心。』在民间传说中，嫦娥偷吃了丈夫从西王母那儿讨来的不死之药后，飞到月宫，成为神仙。

宋·赵伯驹　王母宴瑶池卷

33.7厘米×401.3厘米。在中国古代，有关西王母的神话故事一直经久不衰。此卷描绘的便是周穆王前往瑶池拜见西王母的情景。根据文中嫦娥衣饰可知，当时丝、帛、狐、貂一类较为贵重时髦的穿戴已经开始流行，本书特选此画，用以展示古代衣饰。

的贴身女奴，非常聪明，甚得嫦娥宠爱，所以嫦娥的行踪她略知一二。看见后羿要动刑拷打，便战战兢兢说出缘由。原来嫦娥一直留在宫里，没有到过别处。后羿凯旋前一天晚上，嫦娥手里拿出一包东西，告诉女奴说，这是主公临行前交给她的灵药，是西王母赠送的，吃了可以永葆青春。她现在容颜渐老，渐渐失去主公的恩宠，不如把它吃下去，或许可以返老还童，重新得到主公的青睐。说完就把药放在口里，吞下肚中。不多时，嫦娥的身子突然飘飘地飞了起来，好像鸟儿一般，一直往窗外飘去。女奴惊慌失措，连忙伸手去抓，只摸住嫦娥长长的衣袖和丝绣的屐履。急急开门追出，只见嫦娥越飞越高，一直飞进月亮里面去了。

再说嫦娥，由于身为王妃，自然穿戴不凡，不但衣饰的质地非丝即帛，而且款式也不一般。衣袖垂膝，裳裾及地，所以被短衣小裳的婢女摸到。正因为被凡人触摸，所以嫦娥没能飞升到更高更远的星星上去，只能孤独地待在月球上，看着熙熙攘攘的人间，夜夜不能安眠。

另有一个传说，虽然离历史更远，但相对来说，更为感人。那一年，天上出现了十个太阳，直烤得大地冒烟，海水枯干，老百姓眼看无法生存下去。这件事惊动了一个名叫后羿的勇士，他决定替老百姓分忧。他登上昆仑山顶，用足神力，拉开神弓，一气射下九个多余的太阳，至此，老百姓才过上了正常的生活。后羿立下盖世神功，受到百姓的尊敬和爱戴，不少志士慕名前来学艺，而奸诈刁钻、心术不正的蓬蒙也混了进来。

后羿有个美丽动人又多愁善感的妻子，名叫嫦娥。后羿除出外打猎和教习众人射箭的本领外，终日和妻子在一起，人们都羡慕她们。那一天，后羿到昆仑山访友求道，巧遇由此经过的西王母娘娘，便向西王母求得一包不死的神药。据说，服下此药，能即刻升天成仙。

然而，后羿舍不得撇下美丽的妻子嫦娥，只好暂时把不死药交给嫦娥珍藏，计划再和西王母讨要一份，和嫦娥一起服用，共同升天。嫦娥将药藏进梳妆台的百宝匣里，不料被蓬蒙看到了。这一年的秋后，后羿率众外出狩猎，心怀鬼胎的蓬蒙假装生病，留了下来。待后羿率众人走后，蓬蒙手持宝剑闯入内宅后院，威逼嫦娥就范，交出不死灵药。嫦娥知道自己不是蓬蒙的对手，危急之时她当机立断，转身打开百宝匣，拿出不死药一口吞了下去。嫦娥吞下灵药，身子立时飘离地面、冲出窗口，向天上飞去。蓬蒙跳起来去抓嫦娥，也只是摸到了衣袖和鞋子。由于嫦娥牵挂着丈夫，便飞落到离人间最近的月亮上成了仙。傍晚，后羿回到家中，侍女们哭诉了白天发生的事，后羿既惊又怒，抽剑去杀恶徒，蓬蒙早逃走了。后羿捶胸顿足，悲痛欲绝，仰望着夜空呼唤嫦娥的名字。这时他惊奇地发现，月亮格外皎洁明亮，而且月亮里有嫦娥晃动的身影。

后羿急忙派人到嫦娥喜爱的后花园里，摆上香案，放上她平时最爱吃的蜜食鲜果，遥祭在月宫里想念着自己的嫦娥。百姓们闻知嫦娥奔月成仙的消息后，纷纷在月下摆设香案，向善良的嫦娥祈求吉祥平安。从此，中秋节拜月的风俗在民间传开。

# 背着草鞋的大禹

从唐尧时代起，中国大地开始出现严重的自然灾害，尤其以水灾为甚。那时鲧治水已经九年，他采用“堵”的方法，导致水灾越来越严重，堤防不断被冲决，人民淹死无数。因为治水无功，舜便把鲧囚在羽山，后根据条律将他杀掉，另命鲧的儿子禹治水。

禹吸取了父亲治水失败的教训，便不用堵截的方法，而是从疏导入手，依照山脉走向，疏通水流，使小河归入大河，大河再流入大海。禹的治水方针既定，便发动天下各部落一同治水。禹也身体力行，穿着草鞋，出现在抗洪大军之中。那时候的草鞋是非常普遍的，普通百姓穿的就是它，因为它得来容易，不用花费多少钱。

关于禹的相貌，我们实在不敢把他想象得那么高大勇武、仪表堂堂。那时候的官员虽然不叫公仆，但做的尽是公仆们该做的事情。禹穿着草鞋，披着蓑衣，夹着规矩和准绳，带着一群衣衫褴褛的随从，夜以继日战斗在治水第一线。十三年来，风吹日晒雨淋，皮肤黝黑粗糙，脸上生满皱纹，胡须零乱像一蓬杂草。手和脚长满厚厚的老茧，十指磨得鲜血淋漓，腿上连汗毛都磨得光光。因为需要不停走路干活，禹的草鞋磨破一双又一双，有时接替不上，只好打着赤脚。由于长年累月在冰冷的洪水里浸泡，腿骨打弯，膝盖变形，患了关节炎一类的疾病，导致四肢震颤麻痹。再加上以水草树叶为食，长期营养不良，所以，禹应该是个黝黑、干瘦、长脖子、尖嘴巴、瘪腮帮的中年人。但禹在人们心目中的地位是崇高的，崇高到无法用任何辞藻表达的程度，于是大家在他的名字前加一个大字，呼之为“大禹”！

就在接到治水委任的前四天，禹娶了涂山氏的女子为妻，四天过后，便出门治水了。后来三次经过自己家门，都没时间进去看一眼。一次，恰巧妻子涂山氏生了儿子启，禹在门外听见儿子的哭声，狠狠心没有进去看一看。禹跋涉山川，逾越险阻，走遍了整个中国。不论什么穷乡僻壤，有人无人的地方，只要为了治水，什么样的困难都要去克服，什么样的危险也都拦不住他。

疏导河水，就必须开凿山崖。禹登高望远，察看那些挡住流水的大大小小峰峦岩岭的走向，认为凿开水道，引水下行，使水势通畅无阻，才不会从旁溢出，危害百姓。开凿山峦，工程浩大，绝非易事，比起修路造桥，不知要艰难多少倍。在那完全倚恃人

克勤于邦 烝民乃粒
歷數在躬 厥中允執
惡酒好言 九功由立
不伐不矜 振古莫及

宋·马麟 禹王立像

249厘米×111.3厘米。夏后氏首领，传说颛顼的曾孙，黄帝轩辕氏第六代玄孙。父亲名鲧，母亲为有莘氏女修己。他是中国古代与尧、舜齐名的圣贤君王。舜死后禅让于禹，禹守孝三年，仍按传统的禅让制把帝位让给了舜的儿子商均，但『天下诸侯皆去商均而朝禹』（《史记·夏本纪》）。于是禹即天子位，以安邑（今山西夏县）为都城，定国号为夏。作为夏朝的第一任天子，他又被称为夏禹。

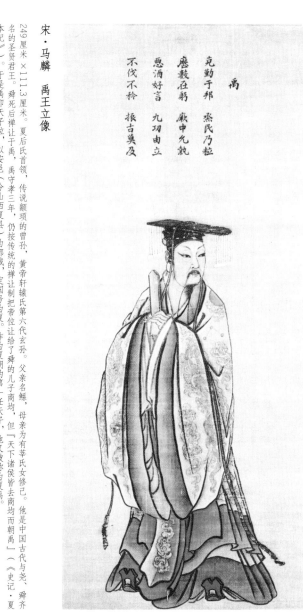

**明·仇英　禹王治水**

上古时期，黄河流域洪水为患，尧命大禹的父亲鲧负责治水工作。鲧采取『水来土挡』的策略治水，以失败告终。禹主持治水后，带着尺、绳等测量工具到全国的主要山脉、河流做了一番周密的考察。他发现龙门山口过于狭窄，汛期时洪水难以通过；而黄河则淤积严重，流水不畅。于是他确立了一条与他父亲的『堵』相反的治水方针，叫作『导』，就是疏通河道，拓宽峡口，让洪水能更快地通过。

宋·赵伯驹　禹王开山图

35厘米×221.1厘米。疏导河水，就必须开凿山崖。传说黄河中游现在山西省境内的龙门山，就是那时开凿出来的。

工和原始工具作业的时候，简直是无法完成的任务。传说黄河中游现在山西省境内的龙门山引水渠道，就是那时开凿出来的。龙门山在梁山的北边，挡住黄河南下的道路。禹于是由现在的甘肃省积石山旁导引黄河到了梁山，开凿龙门山，引导河水由此直泻而下。只要到过龙门的人都知道，它是怎样的一个伟大工程。因为它是那样高，许多大鱼都集在龙门下面，向上跳跃，于是便有了“鲤鱼跳龙门”的故事。说是鲤鱼能跳得上龙门，就会变成龙，无非说明它十分险峻。像这样凿通的大山，不知有多少。工程的浩大，真不能以言语来形容。

这些困难，在大禹面前都算不了什么。他将中国九条大河都疏导好了，让其畅达无阻地流入大海，无数支流也都治理好了，人民能够安居乐业了。由于治水有功，舜帝去世后，大禹就接替了他的位置，做了国君。

大禹刚登帝位，一切为民着想。他让益教人民凿井的方法，让住在高地人民在水退以后，依然可以汲到清洁的井水。他又让后稷教人民发展农耕，垦殖播种，让人们在水退以后，马上就可以耕种。禹自己也不分白天黑夜，勤于国事。若干年后，中原大地便遍地桑麻，满田稻谷，人民丰衣足食。人民既丰，禹便腾出时间匡定地理，他根据山水地势，把中国划分为几个区域。那时天下已经分为九个州，分别叫冀州、兖州、青州、徐州、扬州、荆州、豫州、梁州和雍州。又定了各州应纳的田赋和贡品。贡品里面，既有金铁珠玉，也有竹漆橘柚，还有粮食、布帛、皮革、羽毛。那时中国地方，南到长江，北到恒山，东到大海，西到昆仑。在禹以前，中国声威没有达到这么远的地方。禹因率领各个部落平定了水患，各地人民都很钦佩感激他，他的影响才会如此巨大。这个时期的人们，不仅懂得了团结起来的必要性，并且知道中国的山河延绵，湖海辽阔。

也就是从那时起，作为一国之君的禹知道了天子的威严。禹再不打着赤脚了，草鞋也丢到一边，取而代之的是以丝做的鞋履，帛制的衣、裳，羔皮或狐皮做的裘衣。禹穿着精美的衣饰，大臣按照礼节对他顶礼膜拜，各部落的首领站在下面，恭敬如仪。

# 妇好爱红装也爱武装

商代中后期，出了一位很有才能的君主，叫武丁。武丁即位后立志振兴商朝，修政行德，励精图治。武丁任人唯贤，没有门第观念和男尊女卑思想。那时候，出身低微而有才能的傅说被埋没多年，武丁从庶民中将他选拔为相，帮自己治理国家。武丁还让自己的妻子妇好指挥大军，抵御外侵，征讨叛乱。武丁实行文治武功，终使商殷大治，使商朝成为历史上最强大的奴隶制王国之一。

妇好的名字在甲骨文中频繁出现，可见她在当时的影响力非同凡响。这位活跃在武丁时期的杰出女性，有着非凡的政治活动和军事指挥才能。妇好每次出征，身穿精致而艳丽的衣裳、头戴精美的骨笄和玉笄、耳朵上挂着玥和珰、颈项上系着漂染成红色的丝练，手腕上是金属制的镯。英姿勃勃，光彩照人。那时候，首饰作为衣饰的一部分，随着服装形式的具备，在原始首饰的基础上达到了一个新水平。这一时期，主要首饰种类有发饰、颈饰、耳饰、手饰等。几千年后，这位杰出妇女的墓中出土的四百九十九件骨笄和二十八件玉笄，向世人展示了当时主要头饰“笄”的精美。妇好英姿勃发，光彩照人，带领着成千上万的兵丁，为殷商王朝的复兴立下了不朽功劳。

距商朝都城即今河南安阳小屯村正北一千多里外，有个强悍的部族叫土方，他们经常侵入商朝边境的田猎区，掠虏人口、牲畜和财物。商朝历代都曾对土方进行过多次战争，但都未能制服他们，土方仍连年不断地南下侵扰。武丁即位，命妇好率兵北伐。妇好整兵募勇，只一仗，就打退了入侵的敌人。接着，妇好跟踪追击，终于彻底挫败了土方。从此土方的势力逐渐衰落下来，再也无力骚扰殷商。

殷商的西边是羌国，那里的民风剽悍，国君勇武，经常东进侵扰抢掠，是商殷的心腹大患。商王武丁征集妇好所属的三千人丁和其他将帅的士兵一万人，命妇好率领他们征伐羌国。妇好带着这支队伍，与羌国进行了多次惨烈的战斗，最终将羌国打败，将他们驱逐到西方的不毛之地。

夷国位于商朝东南方向，国力并不强盛，但国人聪慧狡猾，

## 骨笄

兽骨制的簪子。古代女子至成年便用笄将头发绾起，因此笄也指女子的成年礼。女子年满十五岁便可以许嫁，谓之及笄。如果二十岁时还没有许嫁，便要举行笄礼，梳一个发髻，插一支笄，礼后再取下。妇好墓里出土了大量的骨笄。

## 石家河文化晚期玉鹰纹笄

石家河文化是新石器时代到青铜时代的古老文化。笄是古代用来贯发或者固定弁、冕的。固定冠帽的笄称为『衡笄』；固定发髻的笄叫『鬠笄』。

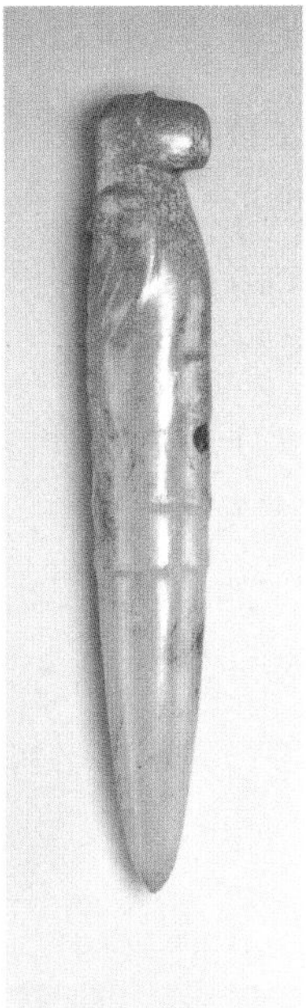

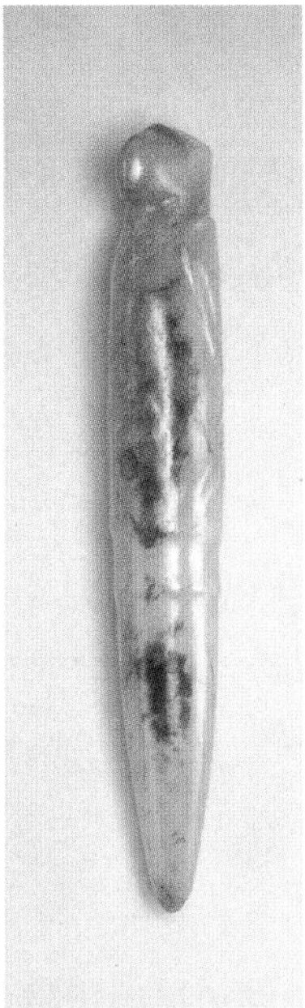

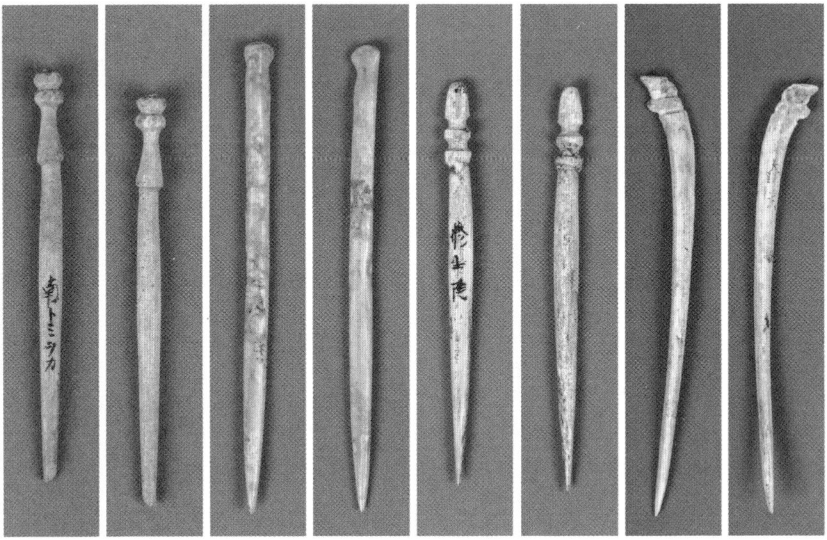

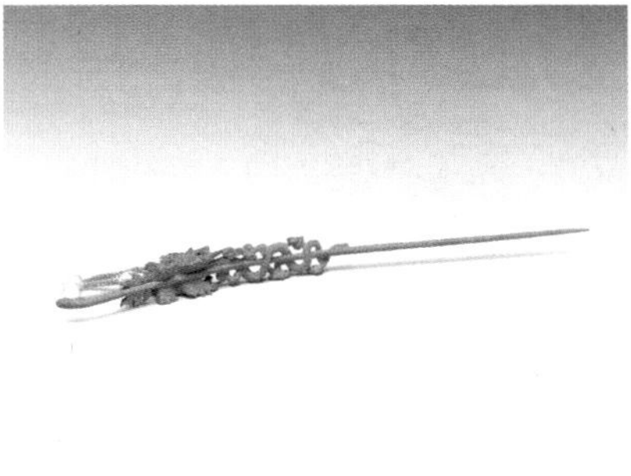

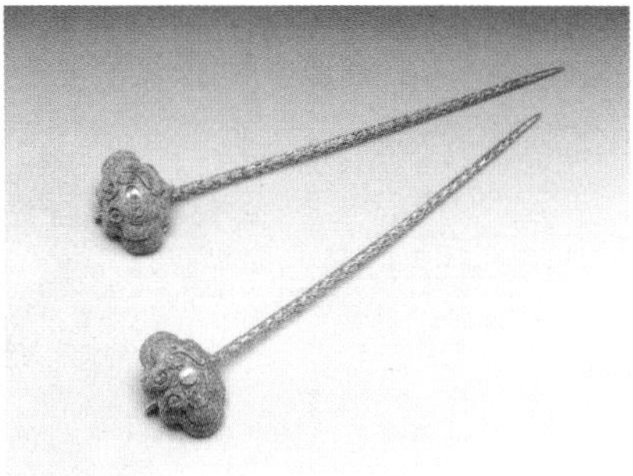

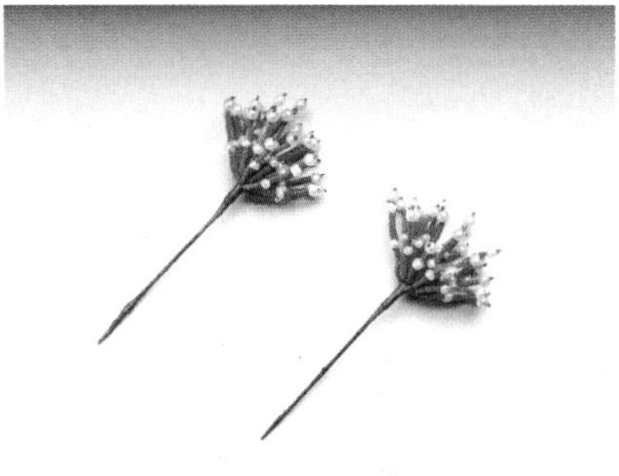

1. 清迦南木雕龙戏珠耳挖簪。迦南木是一种香木，清宫特别喜欢使用。
2. 清乾隆银镀金嵌珠宝龙戏珠簪。全长20.2厘米。随附黄签写着：乾隆四十二年十一月十六日收造办处呈。
3. 清乾隆金累丝嵌珐琅花簪。全长18.5厘米。
4. 清道光铜镀金累丝嵌珍珠如意簪。
5. 清米珠山丹花簪。长10.7厘米。随附黄色包装纸写有『穿珠山丹花簪一对』等字样。

| | |
|---|---|
| 1 | 2 |
| 3 | 4 |
| | 5 |

## 簪

郑玄注：『笄，今之簪。』可见殷商时期的古人就开始用簪了。簪后来专指妇女绾髻的头饰。材料有金、玉、牙、玳瑁等。杜甫有诗『白头搔更短，浑欲不胜簪』。古代犯罪之人不可带簪，宫中的后妃如有过失，也要退簪。本书特选一组清代的簪加以说明。

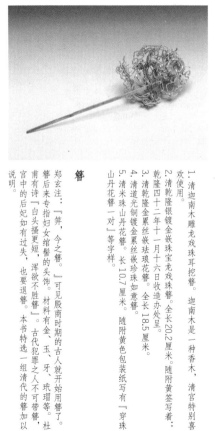

圆雕跪坐玉人

妇好墓出土的玉器之一。玉人身穿交领长袍，下缘长至足踝，衣袖窄长，腰束宽带，腹前围有长条『蔽膝』。玉人身体、衣饰、发型的雕琢一丝不苟，是了解当时衣饰的珍贵资料。

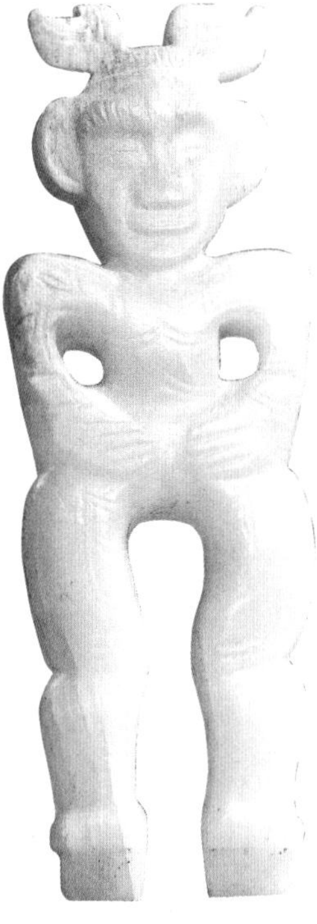

商阴阳玉人

妇好墓出土的玉器之一。玉人为淡灰色，做站立状，一面为男性，一面为女性，雕琢精致，线条流畅。

偶尔也突发奇兵，侵袭商朝疆土，杀人掠物。妇好受命来到前线，她按兵不动，暗中窥探敌军动态，等待有利时机。一旦时机出现，马上全线出击。一仗打下来，夷国兵丁非死即伤，全国上下无不丧胆，再也不敢滋扰生事了。

商朝西南的巴方，与商朝时常发生战争。这次武丁亲自出兵。战前他与妇好商量好，让妇好率兵在巴军退路预先埋伏，武丁自己则带领精锐部队去偷袭巴军军营。巴军遭到突然打击，惊慌失措，不及应战就纷纷溃逃，妇好指挥伏兵迎头截杀，结果巴方的这支军队全被武丁、妇好所歼灭。

按照武丁的指令，妇好还建立起以师为最大单位的右、中、左三师，使商朝有了常备军队。这一制度一直延续至今。

妇好不仅在对外征战中发挥着很大的作用，而且经济上也是独立的。她与其他贵族、功臣一样，自己独立经营商王赏赐的封地。此外，妇好还拥有大量私人财产，在妇好墓中发掘出象征权力与财富的上千斤精美青铜器、六百余件玉器和七千多枚海贝，这是一笔相当可观的财富。此外，妇好还拥有大量奴隶。妇好通过商王赏赐和亲自征伐掳战获得了大批奴隶，迫使他们为自己劳动。妇好死后，武丁还杀了十六名奴隶为其殉葬。

奴隶社会的商朝，宗法制度尚未健全，还保留了一些母系氏族社会的遗风，像妇好这样的贵族妇女还能在一定程度上发挥她的聪明才智，立下显赫战功。到了周朝，封建宗法制度的建立，使妇女的地位一落千丈。她们受制于神权、族权和夫权，沦落为社会的最底层。

## 第三节　商周时代的衣饰

商、周以及更遥远的年代，社会生产力低下，民风淳朴，人们的服饰比较朴素。即便是贵族，在穿着上也比较节约，车不雕栏、屋不画栋、器不刻镂。至于平民百姓的服装，一般多用粗布制成，其质料则为葛、麻。所谓布衣不完、疏食不饱、蓬户穴牖，就是平民百姓的日常生活写照。这里所说的布衣，即为粗布衣裳，不是棉布的意思，因为那时中国本土不产棉花。时间一长，『布衣』便成了平民百姓的代称。至于平民百姓的冬衣，则以毛褐之装为主。褐是粗劣的毛织物，以兽毛为原料，经纺织而成。虽然毛绒短粗，但质地厚实，具有一定的御寒能力，所以被用作冬衣。富贵之家也有以此为马衣者。

由西周以至秦汉，是中国服饰文化发展的定型阶段。周代的社会经济在殷商的基础上又有了长足的进步。纺织业中，育蚕、纺绩、炼漂、染色以及服装制作等分工越加繁细，并设有专门的机构进行管理。由于纺织技术的提高，服装材料除麻葛织物外，又出现了丝帛织品如罗、纱、绫、绢、绮、纨、锦等。

# 冠服制度开始完善

周武王灭掉殷商以后，有两个人不愿意做周的臣民，他们是伯夷和叔齐。武王出兵伐商之前，他们二人拦住劝阻，但没有结果。后来武王灭了商纣，伯夷、叔齐气得要死，但只能干瞪眼儿。他们也知道商纣无道，但这样兴师动众去争夺王位和权力，比起唐尧、虞舜的禅让帝位，实在差得太远了。这兄弟二人既然看不起周武王的行为，也就不愿再吃周的食物，再穿周的丝帛衣，于是两人一起跑到首阳山上隐居起来。他们挖野菜当饭吃、披麻葛当衣服、钻山洞当房子，像野人一样生活。

清·佚名 周武王像

周武王，姬姓，名发，谥武，西周时代青铜器铭文常称其为珷，是西伯昌与太姒的嫡次子，其正妻为邑姜，西周的创建者。周文王临死时嘱武王早图陷克殷商。武王即位后，继承父志，重用太公望、周公旦、召公奭等人治理国家，周国日益强盛。受命十一年（约前1046年），周武王联合庸、蜀、羌、等部族，亲率战车300辆、虎贲3 000个、甲士45 000人，进攻朝歌，在牧野发动战斗，据说杀人无数，『血流漂杵』。商纣王自焚鹿台后，周武王以钺砍纣王遗体，代表诛杀商纣，殷商灭亡，周王朝建立。周武王定都镐京（今陕西西安西南），首先追封父亲为文王，并分封诸王。

那时候，中国社会由奴隶制逐渐向封建制过渡。随着封建制度的确立，中国的冠服制度也逐渐完善，成为统治者显示名分区别等级的工具。为了确保冠服制度的实施，从周王朝开始，统治者专门设置了叫作“司服”的官职，可见冠服对统治阶级的重要性。这项制度，所有的人必须严格遵守，不得乱来。如果有谁触犯这项法令，不按照冠服制度穿戴，就会受到割掉鼻子的严厉惩罚。

按照周代典章制度规定，凡举行祭祀大典，如祭祀天地、五帝、先王、先公、山川、社稷以及朝会、大婚等，帝王和百官必须身穿礼服。礼服由冕冠、玄色的上衣和红色的下裳组成，合称冕服。除冕服外，周代还有一些其他礼服，如弁服、玄端等，这些礼服相对冕服来说，稍微随便一些。周代的常服主要形式是上衣下裳制，因当时家具陈设简单，通常人们席地跪坐。外出乘坐车马，这样的衣饰较为适宜。

商、周时代贵族的衣饰，一般是用优质的丝帛制作的，平民所穿的则多为兽毛搓捻成线编织而成的褐衣或麻葛续绩纺织制作的布衣。伯夷、叔齐过去是贵族，衣着自然体面。自从进入首阳山，绸帛作的衣裳磨破了，又没有钱币买丝，只好和庶民百姓一样，穿麻布披葛片了。然而这二位活得还很自在，他们在首阳山里，一前一后，翻山越岭，在荒草灌木丛中采挖野菜。他们一呼一和地唱着挖野菜的歌：

登上那座高高的山啊，采挖野菜！

用暴虐消除暴虐啊，还不知

▼宋·李唐 采薇图

此卷画伯夷、叔齐不食周粟，在首阳山饿死的故事。图中伯夷与叔齐正在休息，两人的衣饰简劲爽利。伯夷，子姓，墨胎氏，名允，字公信。商纣王末期孤竹国第七任君主亚微的长子。叔齐是伯夷的弟弟，也是孤竹国君主亚微内定的继承人。叔齐不忍心与哥哥争夺王位，伯夷也不愿违背父意。于是，两人将王位让给伯夷另一个弟弟亚凭，双双来到周地部落中养老，与周文王关系良好。后周武王讨伐纣王，伯夷和叔齐不满武王身为藩属讨伐君主，加上自己世为商臣，力谏。武王不听，不久周灭亡商朝。两人愤慨，决定不食周粟，以表明对殷商的忠心，最终隐居在原殷商荒芜之地首阳山（河南省洛阳市东三十公里偃师境内），以树皮，野菜为食，最终饿死。

道自己不对！

炎、黄、尧、舜死光光啦，我没有地方可待。

感叹过去啊，我们的命不好运气太坏。

就这样，兄弟二人从早到晚边唱边干活。因为心情舒畅，所以也不觉得劳累。夏天很快就过去了，到了秋季，虽然满山的果实可以填饱肚子，然而凉风渐起，褴褛的毛褐麻葛衣服不能遮蔽瘦弱的躯体，伯夷、叔齐没有办法，只好跑到山下，找当地的老百姓，想要件衣服御寒。

路上，伯夷、叔齐遇见一个背着竹筐子的妇人。伯夷、叔齐向这位妇人表示了自己想要一件衣裳的愿望。为了赢得妇人的好感，伯夷特别郑重地告诉妇人，因为不满周武王讨伐商纣，他们兄弟二人决意不吃周朝的米饭，只用山上的野菜充饥。但是山上没有衣裳，赤身露体是有辱斯文的，还需妇人帮忙。那位妇人感到非常奇怪，说："米是周的田地里生出来的，你们说它是周的米，坚决不吃，可野菜也是从周的土地上生长出来的，你们为什么还要吃呢？还有衣裳，那是麻布葛片缝制的，麻和葛也是周朝的土地上生长出来的，你们还穿衣裳干啥！"

伯夷、叔齐一想，妇人说得对啊。于是连衣裳也顾不得要了，跑回首阳山，连冻带饿，不久便死去了。

# 头衣和头饰的作用

古时候，头衣和头饰不仅是遮挡烈日风雨或为了好看，它还具有象征意义。古代男子（主要指贵族），长到二十岁要行冠礼。行冠礼时有很复杂的仪式，少年男子一旦行过冠礼，社会和家庭就按成人的标准要求他了，他的一举一动都要合乎封建道德。正因为如此，古人把戴冠看成是一种“礼”。于是冠就成了贵族的常服。正因为冠是贵族到了一定年龄必戴的，所以也就成了他们区别于平民百姓的标志。

不戴冠的古人只有四种：小孩、罪犯、异族人和平民。

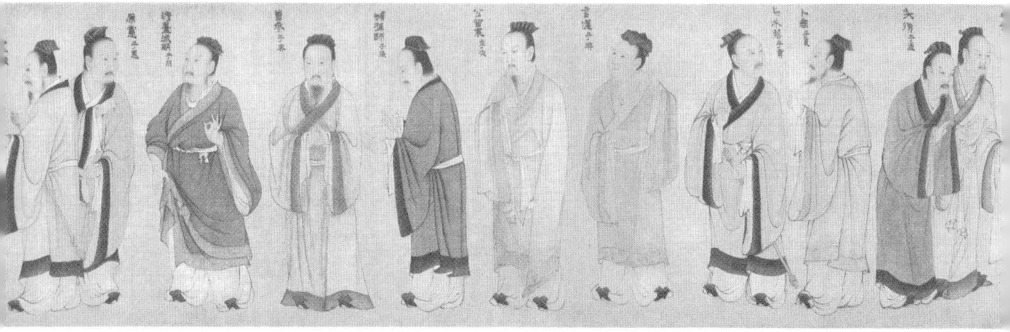

古代，小孩是不戴冠的。到了二十岁才有戴冠的资格。二十岁以前则垂发，称为髫。古人不剪发，小孩的头发长了，紧靠着发根扎在一起，散披于后，这就叫作总发。也有把头发扎成左右两个发髻的，就叫总角，因为它像兽的两只角。

罪犯也不戴冠。古代有一种刑罚叫髡，即剃去头发。既已剃发，自然不用戴冠。异族人自有自己的风俗习惯，故不戴冠。至于平民，成天干活，戴冠颇为不便，通常是青布束头。

当时的贵族，当冠不冠是“非礼”的。甚至有人因为这种情况而送掉了性命。孔夫子的得意门生子路便是其中一位。

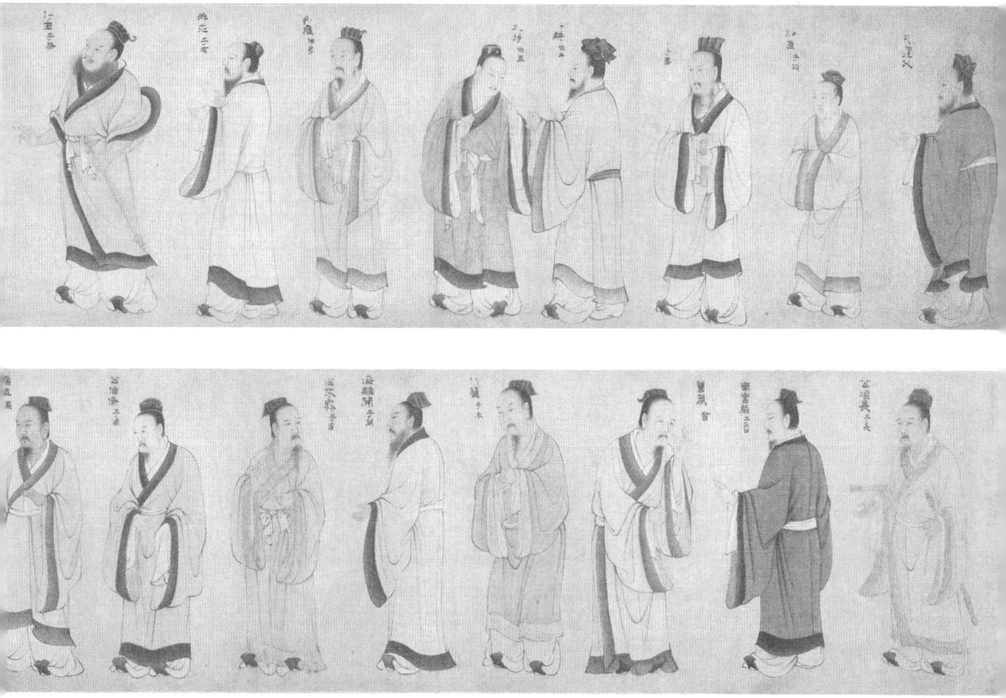

▲宋人绘《孔子弟子像》卷

绢本，32.3厘米×870厘米。孔子是儒家的创始人。二十三岁时，孔子开始在乡间收徒讲学，学生有颜由（颜回之父）、曾点（曾参之父）、冉耕等。此后，孔子一直从事教育事业，他首倡有教无类及因材施教，成为当时学术下移、私人讲学的先驱和代表，故后人尊为『万世师表』及『至圣先师』。图中所绘孔子弟子立像，现存59像。

子路姓仲，名由，也称季路，春秋时代鲁国卞邑（即今山东省泗水县东）人。子路是个大孝子，年幼的时候，百里负米养亲，是历史上二十四孝子之一。子路贫而好学，从孔夫子学业，为夫子高徒，常不离左右。子路性情豪爽勇敢，闻过则喜，有从政的才能。子路曾跟随孔子周游列国，先后到卫、宋、陈、蔡、楚等国，历经十余年，风餐露宿，备受艰辛。

孔子门下弟子号称三千，但其中真正有造诣、贤能者七十二人。在这些数得上的贤徒中，让人感到最为亲切、最为可爱的是孔武有力的子路。子路只比孔子年轻九岁。所以他与孔子的关系似乎应处于亦师亦友之间。其实子路像个总也长不大的顽童，心直口快，心无城府，是一位个性鲜明、有棱有角的人物。

子路的长处在于他做事干练。孔子认为子路鲁莽冲动，但对子路的治理邦国的能力才干还是充分肯定的。当然，子路让人觉得亲切可爱，并不在于他的工作能力，而是因为他纯朴质直的人格魅力。套句俗语，就是子路的为人，于平凡中见伟大；子路的个性，于率直中见真情。子路对自己的老师孔子尊重而不迷信。在孔门诸多弟子之中，敢于对孔子的言行进行尖锐批评的，唯有子路一人。

子路曾做过卫国大约县宰一类的小官。子路做官三年，勤政爱民。他兴修水利。重视农耕，将家中剩余的粟米送于穷苦百姓，与民同甘共苦，很受人民的爱戴。那一年，卫灵公归天，卫出公即位。卫出公虽然当了国君，但权力由其表哥孔悝掌权，而子路正在孔悝门下。若干年后，孔悝被夺权劫持，子路入城相救。武士们手持戈矛来战子路，由于寡不敌众，子路身被刺伤数处，其冠缨也被砍断。子路是孔子大弟子，礼、义为先，在这性命攸关的危急时刻，居然还说“君子死而冠不免”，竟将武器丢在地上，腾出手去整理冠缨，结果被武士们一拥而上，砍得体无完肤。

孔子听说卫国大乱，想到子路性格刚毅，料定其必死，痛哭不已。后孔子命弟子收拾子路残骸厚葬之。

# 赵武灵王的『胡服骑射』

严格地说，战国以前，中国人是没有裤子可穿的。战国时期，服饰发生了明显变化。这就是“深衣”和“胡服”的出现。深衣是将原有的上衣和下裳缝合在一起的衣服，有些像后世的连衣裙。因为遮蔽身体的面积大，所以称作深衣。胡服是我国北方少数民族的服饰。它一般由短衣、长裤和靴组成，衣身紧窄，便于游牧

与射猎。赵武灵王为强化本国军事力量，在中原地区首先采取胡服作为戎装。由此，穿着胡服一时相沿成风，这是从黄帝以来中国服饰的第二次大变革。

那时候，中原诸侯国之间作战主要靠步卒和战车，士兵们穿着长袍和笨重的甲胄，行动十分不便。赵武灵王看到北方胡人的军队身穿短衣长裤，骑马射箭灵活自如，遂下定决心进行军事改革，士卒改穿胡服，学习骑射。

赵武灵王认为，要从根本上改变赵国被动挨打的落后局面，靠中原传统的步兵和战车配合作战的方法是不能成功的，因为笨重的战车只宜在较为平坦的地方作战，在复杂的地形中运转十分不便。众多的步卒也无力对付那奔驰迅猛、机动灵活的胡服骑兵。必须学习胡人的长处，壮大自己，才能让赵国避免灭国的命运；只有以骑兵对抗骑兵，才是增强赵国军事力量的唯一出路。同时，只有改中原地区的宽袖长袍为短衣紧袖、皮带束身、脚穿皮靴的胡服，才能适应骑战的需要。在当时的环境下，他敢于改革传统的舆服制度，而取法胡人的服饰习俗，是需要勇气和魄力的。

胡服，是北方少数民族的服装。这种服装与中原地区宽衣博带式的汉族服装差异较大。这种服饰适应四处游牧的生活习俗。与汉民族的服饰相比，它最大的特点就是下衣不是裙状的，而是有裤腿、裤裆的真正的裤子。

那时候的衣服已经不能随便穿着了，王公大臣以至平民百姓，按照森严的等级，穿戴符合自己地位的衣饰。赵武灵王为加强国家的战斗力，准备将少数民族的衣服引进本国，让贵族以及老百姓穿胡服以便骑射，可说是煞费苦心。但许多王公大臣不愿意。他们或公开反对、或称疾不朝，普通百姓也都不愿意穿戴胡服，于是，怨言四起。在巨大阻力面前，赵武灵王没有灰心，而是以坚定不移的信念和毅力，做大臣和百姓的思想工作，甚至强行推广。由于穿胡服顺应了时代的要求，代表赵国的利益，符合人民抗拒强敌侵扰的愿望，加上赵武灵王采取了自上而下逐级推行的措施，最终胡服在全国范围内普及开来。

赵武灵王在推行胡服骑射的过程中，通过在全国，特别是在北方近胡地区人民中招募善于骑射的人，改组部分步兵为骑兵，收编边地游牧族的胡骑等途径，迅速建立了一支强大的骑兵部队。并通过在代地经营胡马和迫使林胡王献马等渠道，获得了大批良马，为骑兵部队的建设提供了重要保证。

胡服骑射初期，赵武灵王攻占了原阳，并一直打到今内蒙古呼和浩特东南黑水河南岸。这里草原辽阔，水草丰美，人民富裕，是一处良好的天然牧场，也是训练骑兵、休养军队的理想场所。加上这里的人民素有骑射的习惯，容易取得成功，于是，此地便成了胡服骑射的试点之地。在原阳取得胡服骑射经验后，再在全国各地进行推广，这为赵武灵王胡服骑射改革的完成打下了坚实的基础。

赵武灵王在推行胡服骑射的同时，攻灭中山，打败林胡、楼烦，在北边新开辟的地区设置了云中、雁门、代三郡，解放内地依附达官贵人的奴隶，让他们充实九原等地，加速了封建化的进程，开发了大片的边疆土地。他又在北方修筑长城、置军戍守，并实行进步的民族和睦政策，使边地免除了胡骑的侵扰，保护了边地人民的生产和生活，巩固了北方边疆，加强了局部统一，为后来秦汉统一北方边疆奠定了基础。

胡服骑射的影响不仅局限于当时，它对以后中国社会的发展也产生了十分积极的影响。赵武灵王推行胡服是出于骑射的客观要求，但事实上，胡服不仅只适应于作战的需要，它比中原地区原来的衣冠更便于人们的生产劳动与其他社会活动。对于隐私处的保护更加彻底，从而在道德、审美等方面都产生了深远的历史影响。到了汉代，胡服即已成为官定武服。北朝以后，文武官员皆着胡服，后来一般百姓，甚至妇女、儿童也逐渐穿上胡服。胡服的优越性日益被中原人民所接受。

赵武灵王稳定了北方局势后，开始不再满足于最初提出的目标。他把目标扩大到中原，以图最终完成统一大业。他意识到，当时具有统一实力的只有秦、赵两家，秦是他的真正对手。于是他打破了历来国君死后始立新君的传统，主动将王位让给自己钟爱的幼子赵何，即赵惠文王，并让有丰富政治经验的老臣肥义为相国，自己从烦琐的政务中解脱出来，统率他亲手缔造的骑兵，准备从河套一带南下袭秦。为了稳中求胜，赵武灵王冒着很大的危险，化装成使者入秦，窥审秦国态势，侦察关中地形，认真研究袭秦战略。

正当赵武灵王雄心勃勃准备大干一场之时，赵国内部发生了政变。由于他在立赵何为王之后，仍在长子赵章与次子赵何谁为继承人问题上感情用事，优柔寡断，故而埋下了祸根。以后，他又欲分赵国为赵、代二国，封赵何于赵，为赵王，封赵章于代，为代王。正当他犹豫不决之时，政变发生了。公子赵章由于没有得到王位，所以拥兵作乱，先杀掉相国肥义，然后，公子成、李兑起兵靖难，打败公子章。公子章兵败后投奔赵武灵王，赵武灵王收容了他。公子成、李兑围攻赵武灵王所居的沙丘宫，杀死公子章。他们害怕赵武灵王将来找他们算账，就将他围困在宫中。赵武灵王欲出不得，又没有粮食，只得从屋檐下掏出小麻雀来吃了充饥，三个多月后，赵武灵王饿死在沙丘宫里。

胸怀大志的赵武灵王就这样在窝里斗中死去。

# 卫灵公的裘和小民的褐

古人最常见的冬服是裘。

裘是带毛兽皮做的衣服，毛向外。用来做裘的皮毛多种多样，例如狐、虎、豹、熊、犬、羊、鹿、貂，后来还有狼皮、兔皮等。其中狐裘最为珍贵，为达官贵人所服，鹿裘、羊裘则最一般，普通百姓也有穿的。狐裘的价值并不相同，狐腋下的皮毛最为轻暖，因而是最高级的。狐腋纯白，所以又称狐白裘。

卫灵公与夫人

选自宋人摹本《列女仁智图》卷

狐、貂、貉所制的裘名贵，在古代就是富有的象征。因为这些裘又轻又暖，所以又称轻裘。“羔裘”是羊皮衣中的高级品，其毛细柔，其皮轻软，也很名贵，与一般的羊裘不一样。至于羊裘就不同了，那是普通百姓越冬的至宝。普通百姓夏披葛麻布，冬裹羊裘衣，所以穿羊裘也常常说明这个人的贫穷。

鹿裘也是粗劣之裘，大约是古代中原地区鹿非常多，又比较容易猎取，而皮又不如狐、羔轻暖的缘故。即便如此，羊鹿之裘，也不是每个人都能穿得上的。

春秋时期，卫国的君主卫灵公，在寒冷的冬天，征调老百姓疏浚护城河。大臣宛春认为不合时宜，直言相谏。宛春说，天寒地冻，征调民役，老百姓冻得根本受不了。卫灵公不解地问，天气冷吗，我怎么不觉得呢？宛春说，你穿着轻暖的狐裘，坐在铺着熊皮的座位上，而且还有灶火取暖，所以你一点儿也不觉得寒冷。老百姓有什么穿的呢？披着葛、麻、褐等粗硬材料拼凑成的衣服，吃的粗茶淡饭，有的连鞋子也没有，他们肯定知道寒冷。卫灵公想了想，认为宛春说得有道理，于是下令解除了老百姓的苦役。

顺便说两则跟卫灵公有关的故事。

有关卫灵公的笑话，还有很多。有个叫弥子暇的人，是卫灵公的男宠。这个弥子暇曾经因为听说母亲生病而私自驾着卫灵公的车回家，卫灵公竟表扬他是个孝子；弥子暇将自己吃过的水果给卫灵公吃，卫灵公也认为弥子暇是爱自己。有一天，卫灵公生弥子暇的气，鞭打他后把他赶了出去。弥子暇很害怕，一连三天不敢上朝。

卫灵公问一个大臣说：“弥子暇怨恨我吗？难道他不再来了吗？”

大臣说：“没有的事儿。”

灵公又问：“为什么呢？”

大臣又道：“您没见过狗吗？狗是依赖人生活的，主人发怒打它，它号叫着逃走了。等到想吃食的时候，又畏畏缩缩地跑上前来，忘记了曾经挨打的事。弥子暇，就是您的一条狗，一天失去了您的欢心，就会一天没有食吃。哪敢怨恨您呢！”

卫灵公很高兴，不再担心弥子暇会生气了。

还有一次，卫国有个小个子求见卫灵公，对他说：“小臣做了个梦，已经应验了。”卫灵公问他做什么梦，小个子说梦见了灶神，今天见到了大王，所以梦应验了。卫灵公一听勃然大怒，说："我只听说梦到太阳就会见到国君，你怎么梦到灶神反而见到我呢！"小个子毫无惧色地说："太阳普照天下，没有一样东西可以遮蔽的，国君和太阳一样，普照国家也没有一个人可以遮挡得住。所以要见到国君的人，先梦见太阳。而灶神就不一样了，一个人对着火取暖，后边的人就不能看见了。现在也许有个人遮蔽了国君吧？这么说来，我梦见灶神，不也是很合理吗？"

卫灵公大概不算昏君，没有把这个人杀掉，只是无奈地一笑置之。

# 战袍——袍服的出现

谁说没有衣裳，请穿上我的战袍。

国王兴师打仗，快擦亮手中枪刀。

大敌当前，你我同心协力士气高涨。

……

这首军队中的歌谣，在两千多年前的春秋战国时期唱起，表现了秦国士兵同仇敌忾、慷慨从军的乐观精神和保家卫国的英雄气概。

袍是继深衣之后出现的又一种长衣，产生于战国前后。一般采用交领，两襟叠压，相交而下，衣服的长度在膝盖以下。袖身部分比较宽大，形成圆弧。袖口部分则明显收敛，以便活动。袍在最初多做成两层，中纳绵絮，被当作冬衣，也作为士兵御寒的装备，在秦国尤为普及。

早期袍服有多种形制，以内芯为别。普通之家多用败絮；富贵之家则用新絮；至于贫者，无力置絮，只能在袍内纳入麻缕，名为“蕴袍”。

绨袍也是一种冬衣。绨是一种粗帛，组织紧密，质地厚实，多用作平民百姓的服装。说起绨袍，还有一段非常有趣的故事。

战国时期的政治家范雎与魏国的中大夫须贾结怨，险些被须贾的大板子打死，靠装死骗过须贾，才幸免于难。以后范雎逃至秦国，改姓易名，出任秦相。那一年，须贾奉命出使秦国。范雎得知，故意装扮成穷人，穿得破破烂烂进去见他。须贾见范雎未死，大吃一惊，又见他落魄他乡，随生怜悯之心，留他坐下来，给他吃喝，又取一件绨袍送给范雎。范雎见其有眷恋故人之意，便宽容须贾，放了他一条生路。对范雎来说，须贾的生死掌握在他的手里。而对须贾来说，一件不怎么值钱的绨袍竟然救了自己的性命。所以须贾听闻此事之后，大惊失色，几乎没被吓死。

战国时期最有实力的是齐、楚、燕、秦、韩、赵、魏，人称战国七雄。当时，秦孝公任用商鞅进行了最为彻底的变法。商鞅变法鼓励人口增殖、重农抑商、废除世卿世禄制度、奖励军功、编制户口、实行连坐之法，使秦国成为战国中期以后最为强大的

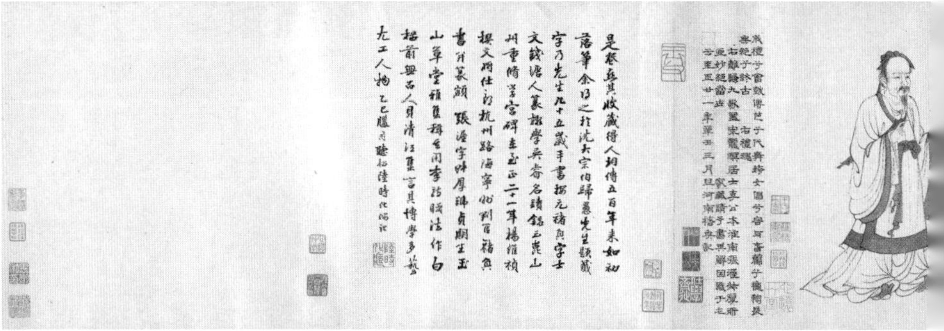

元・张渥 九歌图卷

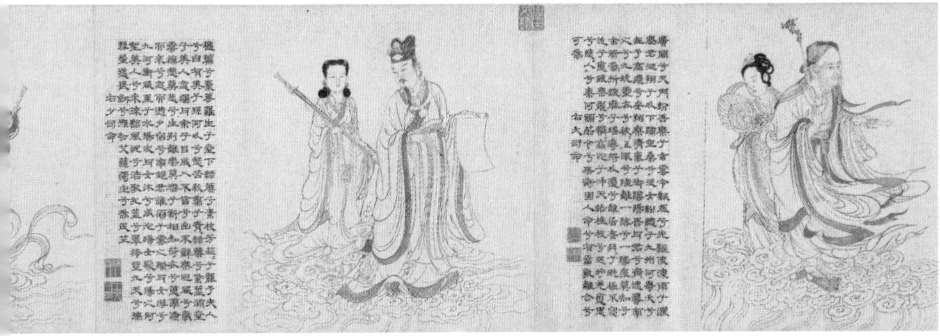

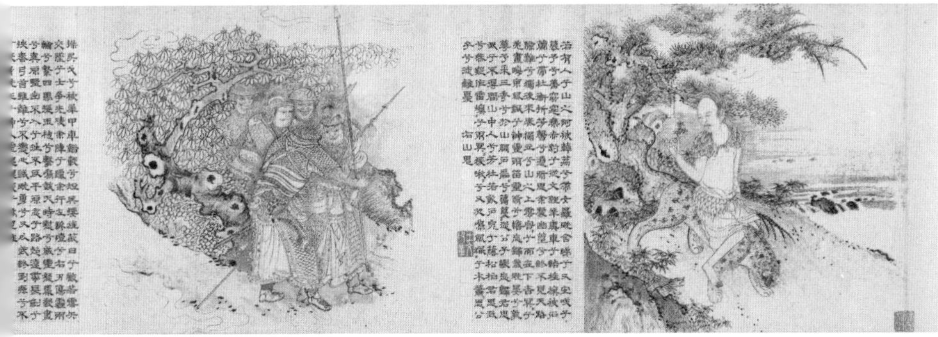

国家。

秦将白起攻破楚都郢城，揭开了秦国统一天下的序幕。楚国避秦军威势，迁都于陈。爱国诗人屈原痛感国家沦亡，投汨罗江自尽。客卿范雎向秦昭王献“远交近攻”之策，就是与远方国家结盟，集中力量先打败邻近的国家，再逐步兼并其他各国。秦昭王纳范雎之策，先出兵伐韩，封闭上党郡与韩都城新郑的联系。上党军民向赵求救，赵派老将廉颇率军驻守长平，声援上党。秦派大将王龁夺取上党，与廉颇军在长平对峙。廉颇加固壁垒，以守为攻，打破了秦兵速战速决的计划，双方僵持达四月之久。以后，秦用反间计，使赵国以年轻气盛且只会纸上谈兵的赵括代替廉颇为长平赵军统帅。秦国同时秘密地将大将白起调换到上党。

赵括一到前线就主动出击，白起派出奇兵分割赵军，并将赵军包围起来。赵军被围，断粮四十六天，杀人以食，军心大乱。赵括冒险突围，当场丧命，赵军失去主将，一败涂地，40 万大军，全部弃械投降。白起担心赵军反抗生事，于是将赵军 40 万降卒全部活埋，场面异常惨烈。长平之战是秦国与它在中原最后一个强手的决战，也是战国时期最后一次大战。至此，东方六国都已不再是秦国的对手。

秦王扫六合，故然有其天时、地利的因素，更和虎狼一般勇猛的秦军将士有关。那些手执戈矛、身披褐袍的战士，在冰天雪地里千里远征，浴血奋战。白天穿着战袍打仗，夜里裹住身躯睡觉，故而所向披靡，横行天下。不过，袍作为战士御寒的装备，在先秦时候只有秦国最为重视，到了唐代已经普遍使用了，其戍边将士就靠着这种绵袍过冬。因为用量太大，供不应求，全国妇女人人动手，其中部分征衣还出自宫女之手。唐玄宗时，有一个士兵在发给他的绵袍内看到一首小诗，诗是这样写的：

沙场征戍客，
寒苦若为眠。
战袍经手作，
知落阿谁边。
蓄意多添线，
含情更着绵。
今生已过也，
重结后生缘。

士兵读罢，将这首诗报告给统帅，统帅又将此进呈给皇上。玄宗见之，略作思忖，然后将诗遍示六宫，寻找作者，并承诺绝不加罪。有一个宫女站出来低头认罪，声称该诗是她作的。玄宗顿生怜悯之心，亲自将这名宫女放出深宫，并赠送了很多钱物，让她嫁给了那个士兵。

# 古人衣袖中的乾坤

当衣与裳同时出现时，衣指上衣。短上衣叫襦。襦又有长襦、短襦的区别，长襦称褂，但是在古代一般只称襦，不分长短。

既然襦本身有长短。为什么又说襦是“短衣”呢，这是与“深衣”相对而言的。古代上衣最重要的部位，是衣领、衣襟和衣袖。古代的衣领有两种，最常见的是交领，即衣领直连左右衣襟，衣襟在胸前相交；另一种是直领，即领子从颈沿左右绕到胸前，平行地垂直下来。

衣襟又称衽，是与领相应的。交领的衣襟向右掩，腋下用两根细带相系。古代常有右衽、左衽之说。向左掩的衣襟是当时少数民族的衣饰习惯，右掩才是汉民族的传统。

古代的袖子较长，垂臂时手不露出，所以古代作品中常提到“长袖”，司马迁就有“长袖善舞，多钱善贾”的描写。古代的袖子不但长，而且宽大，因此又称“广袖”。宽而长的袖子并非只是跳舞时才穿，班固说“城中好大袖，四方全匹帛”，可见穿宽而长的袖子是当时的社会风尚。袖又称袂。袖子的长短标准是从手部向上反折，要达到肘部，也就是袖长是臂长的一点五倍。这是“法定”的长度，在实际生活中未必如此严格。

衣袖是服装的出手处，其款式变化往往由服装本身的用途而定。如贵族男女礼见宴会，一般多用大袖，袖身宽大数尺，拱手作揖时，袖子的底部几乎拖垂到地面。农民、樵夫日常劳作，一般采用小袖，袖身紧窄，以便活动。普通男女夏季之服所用衣袖以宽博为主，为的是透气散热；冬季之服则用窄袖，可以保暖御寒。骑士射手为了骑射便捷，服装多用箭袖。袖端部分伸出一截，裁为弧形，平时朝上翻起，隆冬之季则可放下，盖住手背，以利于手部的保暖。舞蹈者出于表演的需要，通常穿着长袖之衣，衣袖之长，为普通服装的数倍。

古代服装大多没有口袋，宽阔的衣袖正好兼作衣袋之用，一些必须随身携带的零星细物，如手巾、钥匙、名贴、钱币等，一般就贮放在衣袖中。

非但这些小物饰，更大些的东西也能藏在袖子里面。战国时代信陵君的门客朱亥，就是在袖子里藏了 40 斤重的铁椎，帮助信陵君夺取晋鄙的兵权的。

## 带钩

带钩是古人扣接腰带，或佩挂锦囊、印章、刀鞘、钱币、玉佩等饰品的服饰用具。大约出现于西周末期，流行于春秋、战国时期至汉代，魏晋时期开始衰落。其材质有玉、纯银、纯金、青铜等。特选东周及战国的几组带钩，加以说明。

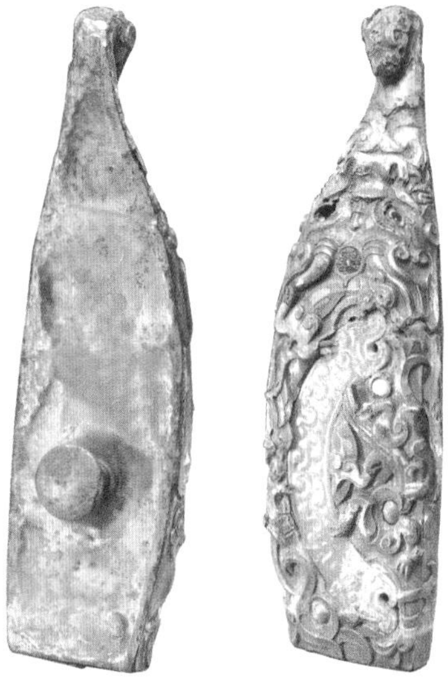

东周　青铜带钩

金银镶嵌玉石，珍珠母，绿松石。高16.5厘米。

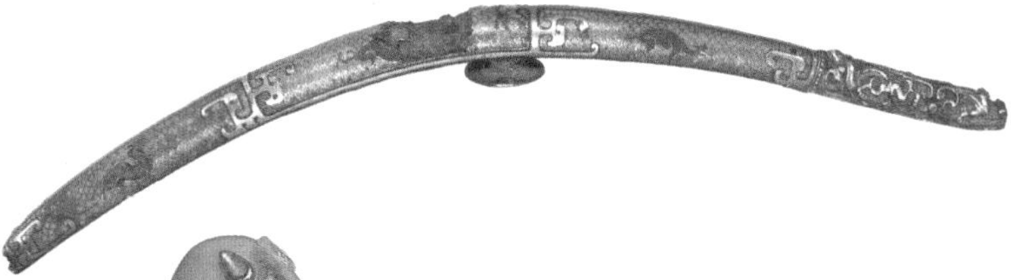

▲战国　错金嵌玉石青铜带钩

◀战国至西汉早期　玉带钩

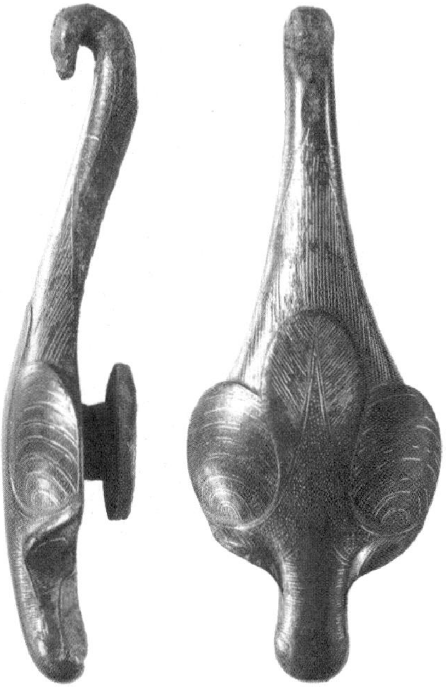

战国 青铜带钩

长10.5厘米，宽4.1厘米。

▼战国 镶嵌珍珠的青铜皮带钩

长52厘米，宽3厘米。

战国时期丝帛

19.7厘米×15.2厘米。

信陵君是魏王的小弟弟，为人宽厚仁爱，礼贤下士，无论贤与不肖，皆能恭谦礼貌地和他们交往，从不觉得自己非常富贵而轻视他们。魏国有个隐士叫侯生，是个看守城门的小官，老而且贫，信陵君多次送他钱物，他分毫不肯接受。有一天信陵君请客，侯生破衣敝衫坐在上座，谈笑自如，没有一点儿自惭形秽的样子。吃过酒宴，侯生坐在信陵君的车子上，让信陵君载着他到买肉的屠户那里看望一个宰猪的朋友，信陵君没有半点儿为难，高高兴兴地陪着侯生去了。侯生的朋友朱亥和侯生一样，也是个随随便便的人，并不特意巴结信陵君，信陵君也不以为怪。

那一年，秦军白起长平破赵，坑赵降卒40万，然后乘胜追击，包围赵国都城邯郸。危急之中，有人提议向相邻的魏国求援，于是，赵国的平原君派使者向魏求救。唇亡齿寒的道理谁都明白，人人都知道赵亡之后就是魏国了，于是魏王派大将晋鄙率十万兵马前往救援。秦王知道后，派人威吓魏王：谁救赵，将来灭掉赵国后，就先攻打谁。魏王畏惧强大的秦国，命令大军徘徊观望。十万火急之下，赵国多次派人求救。但魏将军晋鄙遵照魏王命令，按兵不动。

魏国的公子信陵君在朝中深得人心，欲往救援，但手里没有兵权，所以干着急没办法。后来信陵君的那位门客侯生，给信陵君出了偷虎符夺兵权的主意。信陵君在魏王宠妃如姬的帮助下窃走了虎符，带着勇士朱亥连夜赶到军中。那时候，魏将晋鄙遵照魏王的命令屯军境上，信陵君赶到军营，假传魏王的命令，代替晋鄙。虽然信陵君持有兵符，晋鄙还是起了疑心。信陵君的门客朱亥见状，从袖子里拉出一柄 40 多斤重的铁椎，一下将晋鄙砸死。信陵君夺取了晋鄙的军权，迅速挥师打败了秦国大军，在危难中解救了赵国，也使赵国的老百姓免遭涂炭。

一个袖筒里，竟然藏得下 40 斤重的铁椎，而且还不被人发觉，可见它有多么阔大，多么结实。在中国，以袖子当口袋，竟然有数千年历史，即便到了后世，一些小型物品也常常携之袖中。而这些便于携带的东西，也就称为“袖珍”品了。

贰

# 封建时代服饰

# 第一节　秦汉魏晋服饰

大一统的时代，呼唤着大一统的文化，作为最外在、最典型的文化代表，秦汉的服饰在风格上既博采先秦各地服饰之众长，又有了新的创造。秦服尚简约，汉服则在秦的基础上增加了更多变化，深衣、袿衣、襦裙、袍、裤、禅衣这些深深影响中国服饰的雏形基本都出现或完备于这一时期。

到魏晋时期，服饰受老庄、佛道哲学影响，更加追求飘逸、舒适、随意，男子则宽袍大袖，女子则长裙曳地，层层叠叠。与此同时，中原的混战、南方的开发也给了各民族在服饰上互相影响、渗透和融合的机会，中华服饰文化自这一时期逐渐步入高峰。

# 简练的秦服

秦始皇吞并六国，建立了中国历史上第一个统一的中央集权的封建帝国。秦始皇是战国时代秦襄王的儿子，十三岁继承王位，二十一岁开始亲理朝政。秦始皇统一天下后，确立郡县制度，制定三公九卿的官制，统一法律、度量衡、货币和文字，又用“焚书坑儒”来统一思想，同时还抗击匈奴、征伐南越、修建长城等，在不长的时间内，创造了前无古人的业绩。后人常把秦始皇的历史功绩与暴行苛政联系在一起，但对于中华民族的统一，他的功劳是不可磨灭的。

秦始皇即位后不久就开始为自己修建陵墓，直到他去世才草草收场，前后共用了三十七年。大规模的修筑是在秦统一后的十年，由丞相李斯督率七十二万刑徒和奴隶，倾国力修造。据历史

**秦始皇像**

选自《三才图会》。秦始皇，嬴姓赵氏，名政。后世俗称嬴政或秦王政，自称『始皇帝』。图中的秦始皇戴冕冠、穿冕服。

记载，秦始皇陵高五十余丈，周五里余，墓基极深，并用铜液灌注。迄今所出土的还不过是陵墓外围的一部分，计有七千个陶塑的士兵。所塑士兵个个根据活人模型仿制，没有两个一模一样。他们脸上的表情更是各具特色。他们的头发好像根据统一的规定修理，可是梳时之线型、须髭之剪饰、发髻之缠束仍有无限的变化。他们所穿戴的甲胄由金属板片以皮条穿缀而成。鞋底上有铁钉。士兵所用之甲，骑兵与步兵不同，官所用之盔也比一般士兵的精细。所有塑像的姿势也按战斗的需要而定，有些严肃地立着，有的下跪在操强弩，有的在挽战车，有的在准备肉搏。侧翼有战车及骑兵掩护，准备随时与敌人一决雌雄。

秦始皇兵马俑的七千名将士，虽然人各不同，表情各异，但有一个特别相似的地方，那就是他们的衣装服饰，体现了秦人简洁实用的风格。秦国的军队之所以所向披靡，故然是由于国家赏罚分明、统率治军有方、将士同仇敌忾，但与他们作战时的装备，包括军装的设计制作也是分不开的。他们缠束发髻有统一的模式，在你死我活的战斗中不至于纷乱而影响观察；他们的步兵装束完整又便于长途行走，在奔袭时也能轻装上阵；他们的骑兵装备简练灵便，连护肩都不用了，以保持马上攻杀时的运转自如。所以秦得天下，绝不是偶然的。同时军装也影响到民服，秦代民间服饰，以实用为主，与周朝服饰大相径庭。这种简洁实用的服饰风格，影响了秦以后两千多年的中国衣饰风格。

秦始皇出生的年代正是战国时期，那时各国之间的争斗异常激烈。秦是当时的七雄之一，秦始皇的曾祖父秦昭王听取了范雎“远交近攻”的建议，把进攻的矛头先对准了邻国韩国和魏国，而和较远的赵国联合。遵照当时的惯例，两国互换人质以示诚意。秦国派到赵国的是秦始皇的父亲子楚，因为他在秦国的地位并不很高。

子楚在赵国很不得意，但吕不韦却改变了他的命运。吕不韦已经是一个富有的商人了，他很会投机，见到子楚便觉得他像个难得而贵重的商品一样，可以囤积起来，将来能够借他赚取无限的功名利禄。“奇货可居”这一成语就来源于此。为了更好地笼络子楚，吕不韦还给子楚送去一个擅长歌舞的美女赵姬，后来，赵姬生下一子，就是秦始皇。

据历史记载，秦始皇的母亲赵姬与吕不韦暗中苟合，有了嬴政，瞒过了子楚。嬴政做了秦王之后，赵姬成为太后，吕不韦拜为相国，吕不韦的权势更大了，而且还有了“仲父”的称号。他食封大邑万户，还拥有上万名家僮，财富巨万。赵太后虽然地位尊贵，但子楚已经死去，守寡时间一长，便和吕不韦又重新搅在了一起。这时候，秦始皇已经长大，吕不韦害怕她和太后私通的事被发觉，引来杀身之祸，于是便给自己找了个替身，这就是嫪毐，让他冒充宦官进宫，在净身时赵太后买通了执行的人，让这个假宦官进去供赵太后享乐。

赵太后与嫪毐很快打得火热，并生有二子。公元前 239 年，秦始皇满二十一岁，依照秦国的旧制，第二年要举行加冠礼。然后就可以亲政了。而吕不韦和嫪毐却在此时向他示威：吕不韦公开拿出了《吕氏春秋》，嫪毐则依仗赵太后的势力，私自分土封侯。秦始皇在挑衅面前不动声色，而是按计划举行了加冠礼。而嫪毐却等不及了，他想乘机叛乱，杀掉秦始皇，结果被早有防备的秦始皇平息，自己被捉，最后处以车裂酷刑，诛灭三族。他的同党被诛杀的有二十多人，牵连的多达四千多家。赵太后和嫪毐生的两个儿子也被杀，赵太后则被无情地赶出家门。

对于赵太后被逐一事，秦国大臣纷纷劝谏，可秦始皇根本听不进去。并下令：凡就此事劝谏者格杀勿论！但群臣仍继续进谏，

▶ **秦始皇兵马俑**

图中所选多为武士俑，即普通士兵，根据其服装可以分为战袍武士和铠甲武士。战袍武士在作战时，大多是灵动的，随着大军的阵营灵活作战；铠甲武士俑则为阵营的主体部分。这两类武士从身份上讲低于将军俑，有中级、下级之分。从外形上看，头戴双版长冠或单版长冠，身穿的甲衣有几种不同的形式。骑兵俑多用于战时奇袭。由于兵种的特殊，骑兵的装束显然与步兵、车兵不同。他们头戴圆形小帽，身穿紧袖、交领右衽双襟掩于胸前的上衣，下穿紧口连裆长裤，脚登短靴，身披短而小的铠甲，肩上无披膊，手上无护甲。衣服短小轻巧，一手牵马，一手持弓。还有少量的将军俑，分为战袍将军俑和铠甲将军俑两类，其共同特点是头戴鹖冠，身材高大魁梧，气质出众超群，具有大将风度。

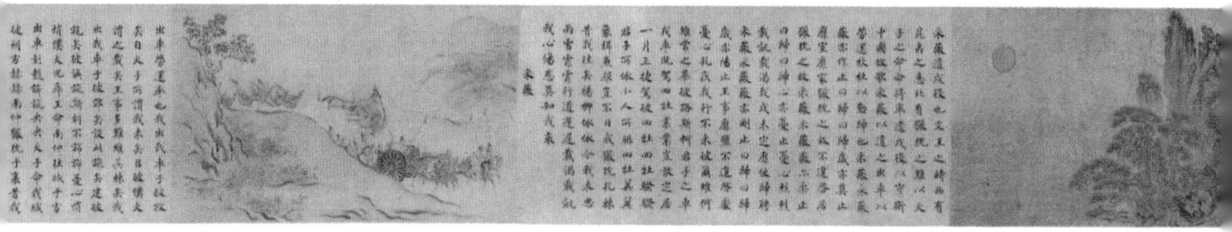

## 南宋·马和之《小雅·鹿鸣之什》卷

《史记》记载，孔子将古诗三千篇根据礼义的标准编选成《诗经》，但这一说法尚在争议中。通常认为《诗经》为各诸侯国协助周朝朝廷采集，之后由史官和乐师编纂整理而成。《诗经》共有诗歌305首，因此又称『诗三百』。『风、雅、颂』是按音乐的不同对《诗经》的分类，《风》又称《国风》；《雅》分为《大雅》和《小雅》；《颂》是贵族在家庙中祭祀鬼神、赞美统治者功德的乐曲，在演奏时要配以舞蹈。又分为《周颂》《鲁颂》和《商颂》，共四十篇。图中的《小雅·鹿鸣之什》是《诗经·小雅》中以《鹿鸣》为第一首诗的十首诗歌的总集。我们可以从图中人物穿着打扮中领略服饰文化从春秋战国至秦服的变化。

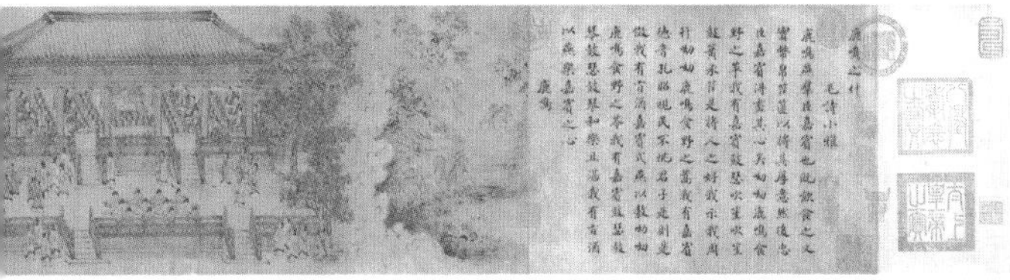

# 治賑內外

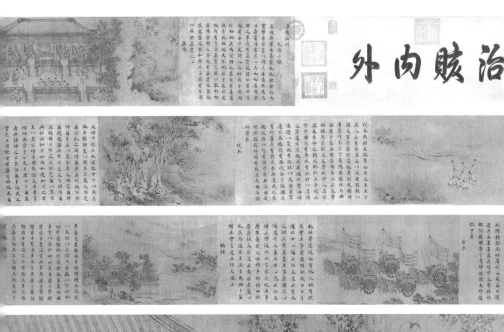

秦王连声喊杀，前后共杀二十七名大臣，尸体高垒于城门之下。后茅焦冒死进谏，秦始皇得知将母后驱出家门有百害而无一利，又亲自将太后迎回咸阳。可赵太后却变本加厉地放纵情欲，给嬴政带来了极大的耻辱。由此秦王对淫有一种特殊的憎恶感。他曾竭力表彰巴蜀寡妇轻富贵而不淫的贞洁操守。他认为这种女性才是理想的母亲形象。

除掉嫪毐的第二年，秦始皇又免掉了吕不韦的相国职务，将他赶出咸阳，去他的封地洛阳。两年后，秦始皇为了避免吕不韦和其他国家串通作乱，派人给吕不韦送去绝命书。信中对吕不韦大加斥责：你对秦国有什么功劳，却能封土洛阳，食邑十万？你和秦国又有什么亲缘，却得到仲父的称号？你快给我滚到西蜀去吧！吕不韦知道自己难免一死，干脆服毒自杀了。

秦始皇执政以后，大兴土木，让人依照六国宫殿原样，在咸阳建宫室一百四十五处，藏美女万人以上，其中以阿房宫最负盛名。他好大喜功，多次到全国各地巡视，每到一处便刻石立碑，记述自己的功绩。秦始皇的残暴，也是有原因的。当年，年幼的秦始皇与其母在赵国为了躲避追杀，东躲西藏、寄人篱下、食居不安、受人欺侮、被人轻视，忍气吞声地过日子。二十多年过去了，他成了秦王。在赵国受气的经历是一个挥之不去的阴影，这种仇恨压抑了他二十多年。秦始皇攻灭赵国，再次回到邯郸，把曾经同其母亲有仇的人统统抓起来，全部活埋，以泄当年之恨。

公元前 213 年，秦始皇下令焚毁若干书籍。同时也诏令：凡在日常言语之中引证古典，或是以古代成例评议刻下的时事，都判死刑。所焚毁的书籍包括秦以外之历史，古典作品和诸子百家的哲学。只有医药、占卜、农桑等书籍不在焚烧之列。

第二年，又发生了“坑儒”之事。秦始皇在一般大臣以外，也收养了许多占星学家和炼丹的术士，当中有两人由始皇聘任寻求长生药物，他们没有觅到药物，反而散布流言，指责秦始皇性情急躁，不符合长寿的条件。秦始皇大怒，下令在都城里挨户搜索。上述两个人虽未寻获，可是被捕者有四百六十人，他们或是与这两人有交往，或是在卖弄相似的方术。最后四百多人全部活埋。

# 汉高祖倒穿鞋子

汉朝对秦朝的各项制度基本上没有多大改变。随着社会经济的迅速发展和科技文化的长足进步，汉初出现了繁荣昌盛的局面。地主阶级统治地位已经巩固，追求奢靡生活的欲望日益强烈。加上与周边国家在经济与文化上交流的不断扩大，以及国内各民族间来往的逐渐频繁，汉族的服饰也较以前丰富考究，公卿百官和富商巨贾开始崇尚奢华，衣料非丝即帛，衣服上绣着美丽的花色图案，形成了贵族服饰穷奢极丽的状况。

汉代以冠帽作为区分等级的主要标志。按照规定，天子与公侯、卿大夫参加祭祀大典时，必须戴冕冠、穿冕服，并以冕旒多少与

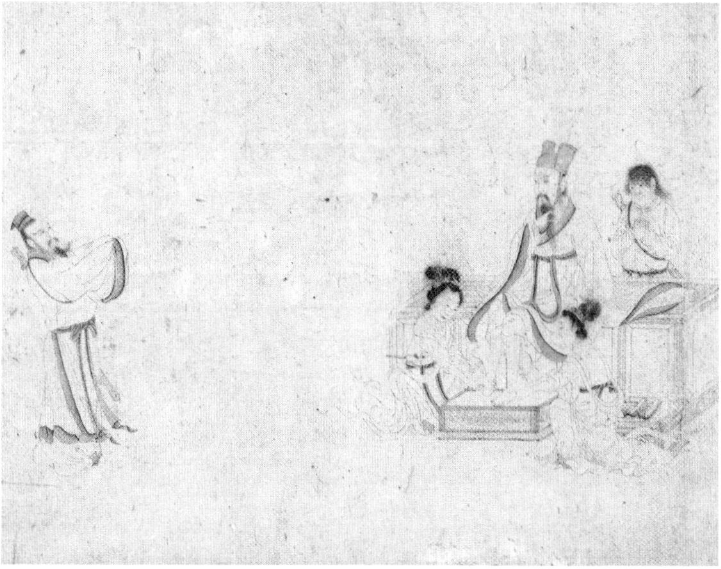

宋·佚名 帝王故事（局部）

旧题李公麟。24.1 厘米 ×299.4 厘米。图为汉高祖见郦食其的情景。

质地优劣以及服色与章纹的不同区分等级尊卑。

然而雍容华贵的汉代，风光数百年，却是和破屐敝屣分不开的。

汉高祖刘邦是中国历史上第一个由农民起义领袖转化而来的布衣皇帝。他以非凡的政治敏锐和魄力，借助农民反秦大起义的风暴登上历史舞台。刘邦是沛县（今江苏沛县）人，在秦朝统治下，做过亭长。有一次，上司要他押送一批民夫到骊山去做苦工。他们一天天赶路，每天总有几个民夫开小差逃走，刘邦要管也管不住。如果这样下去，到了骊山也不好交差。有一天，他和民夫们一起坐在地上休息。刘邦对大家说："你们到骊山去做苦工，不是累死也是被打死。就算不死，也不知道哪年哪月才能回乡。我现在把你们放了，你们自己去找活路吧！"

汉代鹿纹纺织布

64.1 厘米 ×49.8 厘米

民夫们感激得直流眼泪。私自放走民夫会被杀头的，大伙儿看刘邦为人不错，都愿意跟着他一起找活路。就这样，刘邦同十几个民夫逃到芒砀山躲了起来，没有几天，就聚集了一百多人。沛县县衙的文书萧何和监狱官曹参知道刘邦是个好汉，很同情他，暗暗地跟他来往。这时候，陈胜、吴广领导的农民起义爆发，各地百姓纷纷杀了官吏，声援陈胜、吴广。没有多久，农民起义的风暴席卷了大半个中国。陈胜打到附近，萧何和沛县城里的百姓杀了县官，然后萧何派人到芒砀山把刘邦接了回来，请他当首领。从那时起，大家就称刘邦为沛公。

当时在陈留县高阳乡有位穷苦的读书人，名叫郦食其。他虽然很有才学，但因家境衰落，得不到官府的器重，反而被众人奚落为“狂生”。郦食其早就知道刘邦是个了不起的英雄，听说他在不远的沛县起事，便想投奔刘邦，辅助他征讨秦二世。但是郦

汉代彩绘陶六博俑

35.1 厘米 ×34.6 厘米

## 汉代陶俑

西汉服饰是中国服饰史的一个重要的转折点，服饰多为曲裾，主要有袍、襜褕（直身的单衣）、襦（短衣）、裙等。其基本特征是交领、右衽、系带、宽袖，又以盘领、直领等加以点缀。普通人大多穿短衣长裤，贫穷人家穿的是粗布做的短衣，亦名短褐。曲裾深衣颇为流行，不仅男子可穿，同时也是女服中最为常见的一种服式。曲裾深衣通身紧窄，长可曳地，下摆一般呈喇叭状，行不露足。我们特从世界各大博物馆选取几个汉代陶俑加以呈现，从图中可以看到，劳动者或束发髻，或戴小帽、巾子，身上穿的服装，几乎全是交领，下长至膝，衣袖窄小。

汉代彩绘陶俑女像（残）

33.7 厘米 ×25 厘米

汉代陶俑艺人

50.8 厘米 ×24.77 厘米 ×13.97 厘米

汉代彩绘陶舞俑

53.3 厘米 ×24.8 厘米 ×17.8 厘米

汉代女仕俑

汉代彩绘陶俑

食其听人说刘邦出生卑微，最讨厌儒生，见到戴着儒生帽的人见他，就将他的帽子扯下来，扔进厕所里去，所以郦食其有些犹豫。郦食其考虑了几天，最后还是决定去见刘邦。

郦食其来到刘邦的营门前，请卫兵通报刘邦，有个高阳县的贱民郦食其求见刘邦，想与他谋划天下大事。

卫兵进去向刘邦报告。刘邦听说是个儒生，根本不想见。卫兵把刘邦的话转告了郦食其，郦食其勃然大怒，手握剑柄，瞪圆了眼睛向卫兵吼道："我就是高阳酒徒郦食其，不是酸臭的儒生。你再去通报沛公，如不见我，就闯进去了。"卫兵赶快再通报，刘邦当时正在洗脚，听说是高阳酒徒郦食其，连连说请，自己急忙从水盆里拔出脚，倒穿着鞋子跑出来迎接郦食其。郦食其见到刘邦后，给他出了许多好主意，协助刘邦打了许多胜仗。

刘邦打下咸阳后，项羽大怒，带领四十万大军进驻鸿门，准备攻打刘邦。刘邦因兵力和项羽悬殊太大，听从张良的意见，亲自跑到鸿门，卑辞言好。项羽不但放过了刘邦，还封刘邦为汉王，让其管理巴蜀及汉中一带。刘邦到了南郑，拜萧何为丞相，曹参、樊哙、周勃等为将军，招贤纳士，养精蓄锐。刘邦不甘心亡秦的胜利果实被项羽独占，于是招兵买马，准备再和项羽争夺天下。

过了不久，刘邦率军东出，开始了长达四年的楚汉战争。战争前期，刘邦处于劣势，屡屡败北。但他知人善任、注意纳谏、能充分发挥部下的才能，又注意联合各地反对项羽的力量，终于反败为胜，于垓下将项羽团团包围。项羽率军突围，至乌江走投无路，于江边自杀。刘邦即完成了建立汉王朝的大业。

刘邦知人善任，礼贤下士，他的谋臣武将也都能伸能屈，忍小谋大。刘邦的军师张良是成就汉大业的重臣，刘邦称王，项羽率领大军征讨，张良亲赴鸿门宴，说服项羽与刘邦暂时和解，成为刘邦后来取胜的关键一步。楚汉相争，张良献策不与项羽划河而制，而是穷追猛打，迫使项羽乌江自刎。张良胸怀博大，与他平时忍辱负重、礼贤下士有关。而张良的礼贤下士，也与鞋子分不开。

张良年轻之时，有一天路遇一个老人，二人谈天说地，很是投机。在过下邳桥的时候，老人故意将鞋子掉到桥下边，张良二话没说，跑到桥下为老人捡回鞋子。他见老人年事已高，弯腰起坐不便，就恭恭敬敬地跪在地上给他将鞋穿上。以后，这个老人又经过再三考察，发现张良是个很有良心的人，于是将《太公兵法》传授给张良。张良得到了兵书，如虎添翼，军事才能获得了极大提高，最后成为刘邦的得力助手。

# 司马相如发明犊鼻

春秋战国以前，人们穿的裤子没有裤腰和裤裆，只有两个裤筒，套在腿上，上端有绳带系在腰间。到了战国的赵武灵王，引入胡服，其形制跟现在的裤子差不多了，这才有了真正意义上的裤子。但是穿这种裤子开始人们感到并不舒服，所以穿的人不是很多。直到汉代以后，裤子才在中国推广并普及。

就在穿裤子的人逐渐多起来的同时，普通劳动人民为适应劳作需要，脱掉深衣裳裤，换上只遮裹了腰裆部位的叫犊鼻的短下衣。这种短下衣像牛鼻子，很类似现在的裤衩、短裤，所以叫犊鼻。

清·佚名 文君听琴图

旧归李公麟，24.8厘米×28.8厘米。

清·赫达资 汉卓文君

选自《画丽珠萃秀册》。

裙拖六幅湘江水鬓亸巫
山一段云风格只应天上
有歌声岂合世间闻胸
前瑞雪灯斜照眼底桃
花酒半醺不是相如怜赋
客争教容易见文君
李群玉诗

犊鼻是古代贫贱的劳作者所穿的，有人说是汉代的大文学家司马相如发明的。

司马相如原名司马长卿，因为仰慕战国时代的名相蔺相如，才改名相如。他是蜀郡（今四川成都）人，少年时代喜欢读书击剑，二十多岁就做了汉景帝的侍卫，不过并不受重用，这让他有不遇知音之叹。后来，他辞官投靠梁孝王，并与邹阳、枚乘、庄忌等一批志趣相投的文士共事。就在那时，他写了那篇著名的《子虚赋》。后来这篇文章被汉武帝看到，大为赞赏，以为是古人的文章，经人奏报才知道是出于当代年轻才子之笔。惊喜之余汉武帝马上召他进京。司马相如向汉武帝表示：《子虚赋》写的只是诸侯打猎的事，算不了什么，请允许我再作一篇天子打猎的“赋”吧。这就是《上林赋》。这篇赋不仅内容可以和《子虚赋》相衔接，而且气势更加恢宏，场面更为壮阔，文字辞藻更加华美壮丽。汉武帝读毕非常高兴，立刻封他为侍从郎。

有一年，司马相如回到故乡蜀地，恰巧那里的富豪卓王孙，备了宴席请客。司马相如是当代名流，也在被邀之列。司马相如早就听说卓王孙的女儿卓文君才貌双全，更是有心相会，就兴冲冲前去参加宴会。正当酒酣耳熟的时候，有人请司马相如弹一曲助兴，司马相如也不推辞，欣然受命。司马相如精湛的琴艺，博得众人喝彩，更使那隔帘听曲的卓文君为之倾倒。紧接着，司马相如在卓家大堂上弹唱了那首著名的《凤求凰》：

雄凤雄凤飞回故乡，
游遍天下为找雌凰。

勾魂的美女就在后堂，
咫尺天涯让我断肠，
怎样才能配对成双！

西汉马王堆帛画

这种在今天看来也是直率、大胆、热烈的求爱信息，自然使得在帘后偷听的卓文君怦然心动。卓文君是卓王孙的女儿，因丈夫刚死，才回到娘家守寡。她被司马相如的琴声和歌声所陶醉。又见司马相如仪表堂堂、风度潇洒，于是对他产生了爱慕之情。并且在与司马相如会面之后一见倾心，于是双方约定私奔。

这天夜里，卓文君收拾细软走出家门，与早已等在门外的司马相如会合，趁着夜色匆匆出逃，从而完成了两人生命中最辉煌的事件。卓文君不愧是一个奇女子，与司马相如回成都以后，面对家徒四壁，没有埋怨、没

明·仇英《上林图》卷（局部）

绢本设色，44.8厘米×1208 厘米。《上林图》卷内容取自司马相如的《上林赋》，描绘了天子率众臣在上林狩猎的壮阔场面。从图中可以领略汉代服饰的多样性与丰富性。

有后悔、没有失望，而是以苦为乐，自甘清贫。

司马相如和卓文君沉浸在甜蜜的新婚日子里，然而卓王孙暴跳如雷，发誓不认自己的女儿，更不给卓文君钱财，让她吃苦头。卓文君和司马相如缺少谋生的技能，卓王孙又不给予支持，于是他们只好回到司马相如的老家临邛，在街上开了一家酒店，借以为生。卓文君坐在柜台前待客打酒，相如干脆穿上下人的短裤，端酒送菜、洗碗刷碟子，做起苦工来。日子虽然过得清苦，但夫妻相敬如宾，和和气气，虽苦也甜。为了酿出好酒，司马相如和卓文君挖了一口水井。井口直径 50 厘米，井腹直径 350 厘米，井深 380 厘米，口小底大。这口井与一般的井不同，不是用砖或青石所做，而是用黄泥和小卵石垒出来的。地下水经卵石过滤后渗入井里，清冽甘甜，永不变味。由这样的水酿出来的酒，自然味道很好。再加上司马相如本是一代文豪，慕名而来者不绝，所以酒肆生意不错，生活也过得下去。

过了一些日子，卓王孙在朋友们的相劝下，怒气渐渐平息。司马相如和卓文君也不失时机地登门探望、赔礼道歉，卓王孙原谅了他们，他们的夫妻关系得到了承认。卓王孙知道卓文君在酒店抛头露面，也知道司马相如穿着下人的短裤出出进进，脸上挂不住，就给了他们夫妻二人奴仆百人、钱百万。司马相如和卓文君回到成都，买田地屋宇，过上了富有的生活，自然不用再穿着短裤在大街上洗盘子，丢老丈人的脸了。

这之后还有一件小事值得一记：司马相如一度迷上了当时的另一个才女，有心将其纳为小妾，卓文君知道后并没有和他打闹，而是作了一首《白头吟》，其中有诗句曰：

闻君有两意，故来相决绝。

愿得一心人，白头不相离。

传说司马相如听卓文君吟罢此诗，马上回心转意，而且与卓文君白头到老。

# 华丽的衣饰和悲凄的爱情

鸡叫了，天快亮
早起床，心发慌
穿我绣花衣和裳
着意打扮来梳妆
脚穿绣袜和丝鞋

头戴首饰闪亮光
腰束白绢轻盈盈
耳挂坠子亮堂堂
十指尖尖如葱白
樱桃小口含朱丹
……

从这首诗里，我们不难看出，汉代的衣饰已经向华丽高贵方向发展，家境稍好的市民也有绣花的衣服、丝绣的鞋子。不过，这首诗讲述的更是一个夫妻双双为情殒命的爱情悲剧。一首《孔雀东南飞》，详尽地写出了一个封建家庭婚姻悲剧的全部过程，揭露了封建礼教的吃人面目。

刘兰芝是一个善良、勤劳、能干、美丽、有教养的女子。她十三岁能织出精美的白娟，十四岁学会了裁剪衣裳，十五岁就精

汉代丝绸

22.9厘米 ×45.7厘米

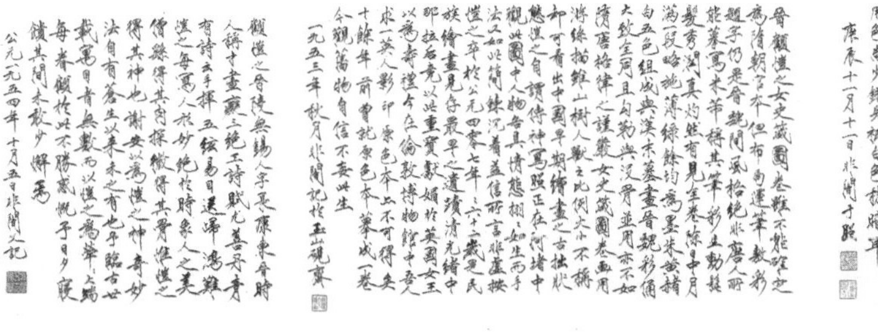


## 清·于非闇摹《女史箴图》卷

绢本，27厘米×378厘米。此图根据晋代诗人张华所写的《女史箴》绘制，用历代贤妃的故事来告诫宫廷妇女需遵守妇德。描绘关于贤妃的故事有『樊姬感庄』『卫姬谏齐桓公』『冯婕妤挡熊』等。图中女性戴的头饰叫『华胜』，同时，我们也可以看到图中女性服装裤腰非常高，差不多是从胸部开始就有两条很长的飘带垂下。

# 女史箴圖卷

通音乐，十六岁能诵读诗书，十七岁做了焦仲卿的妻子。因为她和丈夫见面的时间太少了，而且婆婆非常嫌弃她，所以她常常感到痛苦和悲伤。

焦仲卿看着这般情况，就劝母亲，希望母亲善待自己的妻子。焦母不但不听儿子的劝说，反而让他赶快休掉刘兰芝，另娶女孩子。焦仲卿跪下哀求母亲，并诚恳地和母亲说，假如休掉刘兰芝，就一辈子不再娶了。焦母听了儿子的话，用拳头敲着床大发脾气。焦仲卿不敢作声，对母亲拜了两拜，默默回到自己房里。

焦仲卿回到房里，张嘴想对妻子说话，却欲言又止。刘兰芝见状，明白婆婆要赶她走，心像油煎一样，万分悲痛。焦仲卿哪愿意让妻子离去，但考虑到自己马上要出公差了，自己不在家，妻子受了委屈连个说的人也没有，就决定先送妻子回娘家，等自己回来，再去接妻子。

刘兰芝无奈，将自己结婚时娘家陪嫁的六七十箱衣物器皿留下来，作为给丈夫的纪念品，也有再和丈夫团圆的意思，然后准备回娘家。这天夜里，夫妻二人谁也没有心思睡觉，执手相对，流泪到天明。鸣叫了，刘兰芝打扮得整整齐齐。头上戴着闪闪发光的首饰、耳朵垂着明月珠做的耳坠、脚下穿着锦绣的丝鞋、身上穿着绣花夹裙、腰上束着白绢子。手指纤细白嫩像削尖的葱根，嘴唇红润，像含着红色宝石。她踏着轻盈的细步，走上厅堂拜别婆婆。回头再与小姑告别时，却再也不能矜持，眼泪像连串的珠子掉下来。

焦仲卿的马走在前面，刘兰芝的车行在后面，在大路口，焦仲卿下马坐上刘兰芝的车，两人低头互相凑近耳朵低声说话。焦仲卿再次发誓不与妻子断绝关系，办完公事马上接妻子回家。刘兰芝告诉丈夫，盼望他早日回来，夫妻团圆。二人举手致意，惆怅不止，洒泪而别。

刘兰芝回家才十多天，县令派了媒人上门来，为他的三公子说媒。刘母问女儿的意思，刘兰芝含着眼泪告诉母亲，自己回来时，丈夫再三嘱咐，永不分离，所以绝不做违背良心的事情。媒人走了没几天，太守派郡丞来求婚了。说太守家的第五个儿子，年轻有为，还没有结婚，听说刘兰芝才貌人品样样出众，所以前来求婚。刘母知道女儿的心愿，同样谢绝了媒人。

刘兰芝的哥哥听到太守求婚被拒时，非常生气，埋怨妹妹道："你到底打算怎么办！前次嫁的是一个小官吏，这次嫁的是一个贵公子，高低相差得像天上地下，不嫁给这样有权有势的公子，那你往后靠谁来养活！"

刘兰芝听罢哥哥的话，从头凉到了脚。刘兰芝回答哥哥："我不能和丈夫白头到老，半途回到哥哥家里，何去何从完全听从哥哥的主意，哪敢自己随便做主呢？"刘兰芝的哥哥听罢，立刻做主答应了太守。

焦仲卿听到这个消息，马上请假赶回来。刘兰芝听到熟悉的马叫声，丢开众人跑去迎接丈夫，泪流满面，痛不欲生。焦仲卿忍痛对刘兰芝说："恭喜你找到一个比我好的人家。你将会一天天地富贵起来，就让我一个人独自到地府去吧！"刘兰芝对焦仲卿说："哪里想到你会说出这种话来。我之所以偷生到今天，就是想再见你一面。今生不能团聚，我们就在地府相见面吧！"夫妻二人互相紧紧地握着手，不忍分开。

焦仲卿回到家，走上厅堂拜见母亲，然后回到自己的空房里长声叹息，自杀的打算就这样做出了。他把头转向妻子住过的内房，睹物生情，越来越被悲痛所煎，万念俱灰。婚期的前一天，阴沉沉的黄昏后，刘兰芝趁人不注意走出家门。她自言自语说："我的生命在今天结束了，去和我的丈夫团聚，尸体就留在人间吧。"于是挽起裙子，脱去丝鞋，纵身跳进清水池里。焦仲卿在庭院里的树下徘徊了一阵，想到马上就要和自己的妻子在九泉之下见面了，于是就在向着东南伸出去的树枝上吊死了。

焦仲卿和刘兰芝死后，焦、刘两家把两个人合葬在一起。在坟墓的东西两旁种上松柏，左右两侧种上梧桐。这些树枝互相连接，树叶互相覆盖。枝叶茂盛，郁郁葱葱。

# 赠给司马懿的红装

当衣服的功能最终从原始的保护作用上升到审美意义的时候，衣饰这个词就出现了，而且将衣服的内涵升华到和人类文明同步的位置。男女穿衣，除了赏心于己便是悦目于人。而在悦目于人的过程中，相互吸引是其宗旨。对女性，又出现了派生出来的作用：为男人而穿衣打扮。就是说，男人希望她们怎样穿着，她们就怎样穿着。“女为悦己者容”也就大大方方登场了。

女人穿着打扮有一大半是给别人看的，这就为性别歧视提供了机会。男人把女人打扮得花枝招展，仅仅觉得好看而已，并不是女人的生理需要。从这一点来说，女人穿着，除了原始的御寒、遮体以外，全都是为了男人了。既然女人连穿衣服也是为了男人，那么，在男人的心目中，女人的地位又有多高呢？诸葛亮将司马懿比作女人，司马懿几乎气死，可见女人在男人心目中的分量多轻。

这一年，蜀中丰收。诸葛亮雄心未泯，又联合东吴伐魏。东吴应允，诸葛亮率师十万，出斜谷，浩浩荡荡杀奔渭水，在南原扎下营寨。前来迎战的，是魏国的大将军司马懿。司马懿深知魏国腹背受敌，更知诸葛亮用兵如神，所以深沟高垒，闭门不战，一心要将远道而来的诸葛亮拖垮。司马懿以逸待劳，不管诸葛亮占据什么地势，只是在渭北扎牢大寨，就叫诸葛亮无法北渡渭水。司马懿知道，天长日久，粮草接济不上，诸葛亮就没招了。

这时候，阵前喧闹得非常厉害。一个小校跑来禀报司马懿，说蜀军在外面叫阵。司马懿头也不抬，挥挥手让小校下去。外面的声音越来越大，小校又跑来禀报，说蜀军越来越不像话，竟然骂起来了。这是诸葛亮一贯的伎俩，为的是激怒司马懿，让他出战。司马师、司马昭和其他将士受不了了，纷纷来见司马懿，要求出战。司马懿告诉大家：“两军对垒，蜀军是乘势而来，锐不可当。咱们避其锋芒，暂不出兵，诸葛亮就无计可施。拖他几个月，等他人困马乏，咱们再以逸待劳，一鼓作气便可打垮蜀军，生擒诸葛亮。”

就这样，蜀军在司马懿的大营前天天骂阵，司马懿是这个耳朵进那个耳朵出，根本不当一回事儿。诸葛亮果然无计可施，一筹莫展。两军又相持了一段时间，诸葛亮看司马懿不中他的圈套，军中的粮食也一天天减少，自己的身体更是不如从前了，于是心

## 君臣鱼水

典故出自《三国志・蜀书・诸葛亮传》。讲的是刘备三顾茅庐，求见诸葛亮的故事，图中书房内人物即为诸葛亮。

清·丁观鹏摹顾恺之《洛神图》卷

图为曹植《洛神赋》中的内容。魏晋南北朝时期的服装属于风流时期，流行神仙气派的服饰，女子一般上身穿襦或衫，下身着裙，轻盈飘逸。从画中人物可以看出，衣服线条流畅，衣带飘袂，委婉动人。

生一计，派遣使者来到司马懿的大营。

司马懿想，诸葛亮骂累了，也觉得无趣，又生出啥点子来了？这时候，蜀使捧着锦盒书信进帐，说是奉诸葛丞相之命，前来下书赠礼。司马懿命人打开锦盒，只见里面是一件绯红色织锦女衣。魏营众将看了，群情激愤，大声嚷道："诸葛亮竟拿此物来污辱我军都督。"便拔刀抽剑要斩来使。司马懿的大儿子司马师更是敏捷，早揪往来使，把刀架到他的脖子上。司马懿见状，急忙喝止住。他拆开书信，信是这样写的：

……仲达既为大将，统领中原之众，不思披坚执锐，以决雌雄，反窟守土巢，谨避刀箭，与妇人何异？今遣人送巾帼素衣前去，如不出战，可再拜而受之。倘耻心未泯，犹有男子胸襟，早与批回，依期赴敌……

司马懿越看越气，额上青筋暴突，头上白发竖立，右手陡地举起就要砍下。只一刹那间，他便忍住了。司马懿深知，为人者，存大度方成大器。忍，也是一种力量，是一种斗争艺术。如果为了泄一时之愤而杀掉来使，正中了诸葛亮的诡计。哼，我不气，还要将计就计，反过来气死你。想到这里，司马懿熄了心中怒火，高举的右手在空中潇洒地一挥，优雅地放下来，笑对来使说："……这衣服料子不错，手工也精细。我就留下了。"侍者捧上酒坛酒碗，司马懿亲自斟酒，款待蜀使。蜀使迷惘了。他是抱着一死的决心来的。你想，丞相这样侮辱魏国大都督，他会不生气？不砍下使者的脑袋？嘿！眼下非但不气不恼不砍脑袋，反而要好酒款待！

蜀使被司马懿弄得一头雾水。

司马懿款待蜀使吃酒，利用席间闲话的机会，将蜀军情况和诸葛亮的身体状况了解得一清二楚，也更坚定了他战胜诸葛亮的决心。

# 潇洒的文人穿木屐

不为良相，即为良医。这是古代文人救世心态的写照。采菊东篱，寄情山水，又是他们心恬意淡、看破红尘心情的流露。自古文人多潇洒豪放，所以流传下来的诗作真实地反映了自然界的美以及文人内心深处的放荡不羁。谢灵运就是一位既不忘情山水又有政治抱负的大诗人，所以在寄情大自然的同时心系官场，结果送掉了性命。

谢灵运是现今河南太康县人。出身士族豪门，世袭受封康乐公，所以又被称为谢康乐。曾做永嘉太守，不久辞官隐居。后又出任

**谢灵运像**

选自《古今君臣图鉴》。谢玄之孙，著名诗人，主要成就在于山水诗。在谢灵运的推动下，山水诗成为中国文学史上的一大流派。谢灵运幼年即颖悟，曾说：『天下才有一石，曹植才高八斗，天下人共一斗，我独占一斗。』谢灵运曾担任官职，但经常荒废政事，遨游山水。司徒刘义康遣使收录，谢灵运兴兵拒捕，犯下死罪。宋文帝爱其才，降死一等，流放广州。元嘉十年（433年），有人告发谢灵运在广州参与谋反，被宋文帝下诏处死。谢灵运信佛教，死前捐出自己的胡须，装饰南海只洹寺的维摩诘佛像。唐代，唐中宗之女安乐公主与人斗草，将维摩诘佛像之须剪掉。

临川内史，元嘉十年（433 年）被诛。现在我们看到的《谢康乐集》是后人编辑传世的。

宋齐时代的山水诗是南朝诗歌发展的一个里程碑。优美的山水诗篇，以清新的意境、秀丽的笔调、歌颂山河的自然美，在文坛上独辟蹊径，丰富了诗歌的内涵。谢灵运在文坛上承上启下，把对山水之情诉诸笔端，成为倡导山水诗的第一人，从而也使当时的文化中心——建康，成为山水文学的发祥地。

谢灵运才华横溢，三十八岁做永嘉太守时，足迹遍至全郡名山大川，写下了不少歌颂大自然的优秀诗篇。426 年，他到建康做官，整理朝廷藏书，补足缺文，后来又曾一度担任《晋书》编撰工作。宋文帝比较器重他，经常召见，赏赐甚厚。谢灵运却冷心官场，

## 清·禹之鼎　竹林七贤图

竹林七贤是指魏末晋初的七位名士：阮籍、嵇康、山涛、刘伶、阮咸、向秀、王戎。竹林七贤就是玄学的代表人物，他们在生活中不拘礼法，清静无为，聚众在竹林喝酒，纵歌，偶尔还会写一些揭露和讽刺司马朝廷的作品。葛洪《抱朴子》记载：『丧乱以来，事物屡变，冠履衣服，袖袂财制，日月改易，无复一定。乍长乍短，一广一狭，忽高忽卑，或粗或细，所饰无常，以同为快。』从图中人物中，可以看出魏晋时代服装的特色，比如『上衣的袖子从肘部开始做得特别宽，腰系长带，披散衣襟』，从而产形成一种褒衣博带、潇洒风流的气度。

## 宋·杨褒摹阎立本《古帝王图》

绢本设色，51.3厘米×531厘米。图中选取了十三位帝王，即：汉昭帝刘弗陵、汉光武帝刘秀、魏文帝曹丕、吴主孙权、蜀主刘备、晋武帝司马炎、南陈文帝陈蒨、南陈废帝陈伯宗、南陈宣帝陈顼、南陈后主陈叔宝、北周武帝宇文邕、隋文帝杨坚和隋炀帝杨广。图中汉光武帝刘秀等七位皇帝头戴通天冠，身穿黑色右衽交领大袖上襦冕服，下着绛色裙及地。陈文帝、陈后主、隋炀帝等穿的是天子、诸侯等朔望视朝、田猎、大射礼时穿用的弁服。陈宣帝穿的是常服，戴的是唐代帝王制式幞头。图中有侍臣若干人，穿朝服，戴的是北朝以来通行的漆纱笼冠。此冠在魏晋南北朝时期非常流行，男妇皆用。因用黑漆细纱制成，故名『漆纱笼冠』。

晉武帝司馬炎
蜀主劉備

蜀主劉備
吳主孫權
魏文帝曹丕

魏文帝曹丕

往往称病不朝，在山水间流连忘返。后来干脆称病辞官，专门酣游山水，写他的山水诗去了。

南方的青山绿水让人思念向往，但山高石滑，苔重脚轻，上下山难免困难重重。谢灵运根据自己登山的经验和体会，发明制作了著名的“谢公屐”，不但让喜欢游山玩水的人登山如履平地，而且使后世的文人墨客有了吟咏的对象。谢公屐是一种木底的登山鞋，鞋底有前后活齿。上山时将前齿取掉，以利攀越；下山时将后齿卸下，落坡容易。这样，上下自如，就像走在平地上。

谢灵运由于政治上的失意，故而借游山玩水寄托自己的情怀。他是中国第一位大量创作山水诗的诗人。他的山水诗反映了自然风景的美好，给人清新开阔之感，但也有一些诗包含了大量的颓废情绪。他擅长景物描写，能将心情融入写景状物中。但文笔雕琢的痕迹过于明显，所以在语言方面不是很好。

谢灵运的山水诗，对后世的影响是巨大的，故有不读谢诗三日，便觉口臭的说法。然而谢灵运毕竟是公侯之后，从小生活奢豪，养尊处优，在政治上有一定野心，所以卷入叛乱之事，最终被杀。

# 第二节　唐宋时期服饰

唐宋是中华文化发展的顶峰，服饰发展也在这一时期进入了无比绚烂的繁荣时代。隋唐服饰的主旋律是盛大、华丽，隋唐服饰以政府的服令为基础，祭、朝、公、常各种服饰详尽完备，服饰与制度配合使用，朝服庄严尊贵，常服落落大方。

相比于前朝的典雅，宋代服饰则更加生活化，无论庙堂之上还是江湖之间，直领对襟的宋服随处可见，此时社会服饰已经逐渐趋同，乃至于宋徽宗私访开封闾阎之间都可以白龙鱼服而行。

# 司马青衫湿

唐代衣冠服饰承上启下，博采众长，是我国古代服饰的重要时期。据史书记载和考古发掘证明，唐代纺织业很发达，能生产绢、绫、锦、罗、布、纱、绮、绸、褐等。丝织品花色繁多，光彩夺目，为服饰制作提供了丰富的材料。染色工艺也有了空前发展，产品花样翻新，琳琅满目。唐代艺术园地绚丽多彩，山水画、人物画驰名中外，高超的艺术造型和独特的审美观念给当时的服饰设计创造了优越的条件。唐代服饰的特点是：官服质地款式更加讲究，形制富于变化。胡服颇为盛行，女服艳丽多彩。

唐代官服品类繁多，加上皇帝的服饰，计有三四十种。在这些官服当中，有一种叫青衫的官服，是下级官吏所穿。衫的样式和袍差不多，也用圆领大襟，穿时里面不用衬领，露颈于外。衫的袖子则以宽博为主，但与衫长比例匀称。衫长没有定例，文儒所穿者以长衫为多，其长过膝。衫的颜色也是区分尊卑等级的一大标识。唐代三品以上官衫用紫；四至五品用绯，六至七品用绿；八至九品用青，其中青衫品级最低，故被用来比喻卑微的小吏。

白居易曾做过这样的小官。他是唐朝著名诗人。原籍太原，后迁居下邽（今陕西渭南东北）。贞元十五年（798 年）中进士，任翰林学士、左拾遗。因直言极谏，被贬为江州司马。过了四年，又迁为忠州刺史。后被召为主客郎中，知制诰。太和年间，任太子宾客及太子少傅。会昌二年（842 年），以刑部尚书致仕，死时享年七十五岁。

白居易自幼聪慧过人，传说刚一出生就会说话，认识“之无”二字，五六岁就能懂得声韵。十七岁时，白居易携带着自己的诗文到长安，特意拜访当时的名士顾况。顾况见他年轻，起初瞧不起他，一眼看见卷上的名字“居易”二字，便笑他说：居易、居易，长安米价昂贵，恐怕居住下来大不容易。可是当他打开白居易的诗卷第一篇《赋得古原草送别》一诗，特别是看到“野火烧不尽，春风吹又生”的诗句时，非常欣赏。于是设宴款待，多方宣扬。从此白居易的声名大振。

白居易生活在国势由盛转衰的中唐时代。当时的民族矛盾和阶级矛盾都很尖锐。外族不断入侵、宦官专权跋扈、藩镇各自为政、朋党之争日益加剧，人民生活非常困苦。白居易担任左拾遗以后，他向宪宗提出一系列政治措施，结果触犯了贵族的利益而被贬官。

这一年，白居易被降职做九江郡的司马。有文友来访后归去，白居易赴湓浦口送别。夜色已晚，二人惜别之际听得船上有人弹琵

明·丁云鹏绘　浔阳送客图

141.3厘米 ×46厘米。图为白居易与歌女邂逅相逢的情景。

# 唐·佚名　文会图

图中数位文人身着青衫正在饮酒交流，还有一人立执檀板，二人树下立谈，侍者数人。唐代文人多有做官，但大多都做些文官，或徒有虚名的闲职及下级官吏。所以，他们的衣饰是官服中低级的一种，即所谓青衫。

清·丁观鹏
仿仇英《汉宫春晓图》

绢本设色，34.5厘米×675.4厘米。《汉宫春晓图》描述是宫廷女性在初春时节的平常琐事，有妆扮、浇灌、折枝、插花、饲养、歌舞、弹唱、围炉、下棋、读书、斗草等。图中人物衣饰打扮鲜丽多彩，名为『汉宫』，服装却依唐以后的定制。

琶，仔细听那声音，清脆动听宛然有京都的韵味。询问那个弹奏者，知道她本来是长安的歌女，曾经跟随技艺高超的乐师学弹琵琶。年岁大了容貌衰老了，便嫁给一个商人。白居易于是叫手下人摆酒，让她痛痛快快地弹几支曲子。曲子弹完了，她露出悲愁的神色，叙说年轻时候欢乐的事情，感慨如今漂泊在外，在江湖上辗转不定。白居易由此联想到自己由京官贬为外官两年，顿时“心有戚戚焉”，作了一首叫《琵琶行》的长诗。

白居易在诗的最后写道：

感我此言良久立，
却坐促弦弦转急。
凄凄不似向前声，
满座重闻皆掩泣。
座中泣下谁最多？
江州司马青衫湿。

江州司马青衫湿，一语道破文人的多愁善感和小吏的无可奈何。

# 贵妃衣饰的薄、透、露

唐代女服和男服比较，颜色较为鲜艳，款式自由多变，更讲究穿着后的线条美。其最大的特点是薄、透、露。那时的女服主要有襦、裙、衫、帔等。妇女有的小袖短襦，有的裙长拖地，有的衫的下摆裹在腰里，肩上披着长围巾一样的帔帛。诗人孟浩然曾经这样描写唐代妇女的盛装："坐时衣裳带纤草，行即裙裾扫落梅。"可见当时女性何等飘逸、潇洒。

唐代妇女穿的裙子，大多用六幅布帛拼制而成，所以有"六

清・佚名　杨贵妃出浴图

96.5厘米×44.1厘米。

幅罗裙窣地”“裙拖六幅湘江水”的说法。当时的“六幅”，不下于今天的三百厘米，那是非常宽展的了。至于裙子的颜色，则流行红色。特别是年轻妇女，更喜欢穿着鲜艳的红裙，远远看去，红裙如同朵朵飘动的红云。当时的红裙主要有两种，一种用茜草汁染成，故称“茜裙”；另一种用石榴花液染成，故称“石榴裙”。后来，“石榴裙”一词，还成了妇女的代称，直到现在还在用。

武则天掌握大权以来，鼓励人们开阔思路，于是女服的式样更多了，颜色更鲜艳了。总体来说，薄、透、露、艳是这个时期女服的特点。

盛唐以后，女衫衣袖日趋宽大，衣领有圆的、方的、斜的、直的，还有鸡心领。这个时候，国家太平，社会稳定，所以社会风气比较开放，穿着同样自由。在年轻妇女中，还流行过一种袒领，穿时里面不衬内衣，即袒露胸脯。“粉胸半掩疑晴雪”“胸前瑞雪灯斜照”，都是对这种装扮习俗的形象描述。令人瞩目的是，唐代妇女服饰薄、透、露、艳的程度是前所未有的。敦煌壁画329窟一个执花少妇，身着罗衫，两乳隐然可见。永泰公主墓壁画中的侍女、懿德太子墓石刻宫廷女官，都袒胸露乳。韦洞墓壁画一个少女身穿轻罗衫，实为半裸。唐代女服薄、透、露、艳的特点，集中反映在贵妇人、宫廷歌伎或侍女身上。

被称为中国古代四大美人之一的杨贵妃，穿的衣服也具有薄、透、露的特点。

玄宗开元二十四年（736年），惠妃死后，后宫的几千美女，李隆基都不称心。有人推荐当时的寿王妃杨玉环。杨玉环被召见的时候，穿着轻罗袒领衫，粉胸半掩，双乳隐然可见，石榴红裙

## 唐画中的服饰文化

唐代文化具有广泛的包容性和开放性，服饰文化亦多姿多彩，尤其是胡服与汉装相糅合，更显得风格迥然不同。唐代的男子喜着圆领大袍，裹幞头，穿长靴。唐代女子上身为襦、袄、衫，下身缠裙，绸带系腰。裙色以红色最流行，色彩鲜艳，款式多种多样，配上新式的装饰品，典雅华贵。襦裙装上身为短襦或衫，一般较短，仅至腰间，下身为长裙，低垂至地。领口样式一般有鸡心领、斜领、圆领、方领等，可见胸前乳沟。唐朝服饰文化另一个特色为女子喜穿胡服，白居易《长恨歌》中有『霓裳羽衣舞』。我们特选一组描绘唐代女性的古代绘画作品加以说明，从而帮助读者更好地了解唐人的服装、发式、美妆等生活细节。

### 宋人摹唐代张萱《虢国夫人游春图》

图中描绘了杨玉环的姐姐虢国夫人及其眷属外出踏青游春的情景。唐玄宗宠爱杨贵妃后，封杨贵妃三个姐姐为韩国夫人、虢国夫人、秦国夫人。成语『素面朝天』的典故便源自虢国夫人，北宋文学家、地理学家乐史撰写的《杨太真外传》：『虢国不施脂粉，自炫美艳，常素面朝天。』后世学者认为图中第一位身着男装的领路者可能是虢国夫人，这一推断与唐代服饰文化中『女着男装』时尚相符。

### 唐·周昉　簪花仕女图

此图分别展示了逗犬、拈花、戏鹤、扑蝶的画面。图中人物穿的是唐代流行款式——襦裙装。其中三位女子穿的是唐诗中『红裙妒杀石榴花』的『石榴裙』。图中人物将眉剃去，绘成粗壮浓重的『短阔眉式』，亦为唐代女性化妆的特色。现在的日本艺伎眉妆，即为唐朝短阔眉妆的遗续。

**唐·周昉　调琴啜茗图**

图中描述的唐代贵妇抚琴雅聚桐荫之下品茗的情景。

**唐·周昉　内人双陆图**

此画描写唐装贵族妇女以棋戏消遣的生活。她们高髻簪花、妆容富丽，她们轻纱曼妙、体态丰腴。

宋・宋徽宗赵佶摹张萱《捣练图》

图中描绘的是唐代底层妇女劳动的情景。画中的妇女身穿襦裙装，分别有捣练、织线、熨烫三组场面。除去穿着，图中女性的化妆方式亦为一特色，即脸上贴着『花钿』。花钿是唐代比较流行的贴在脸上的花饰，有红、绿、黄三种颜色，以红色为最多，以不同的材料剪成花形，贴在额头上，称为『花黄』。

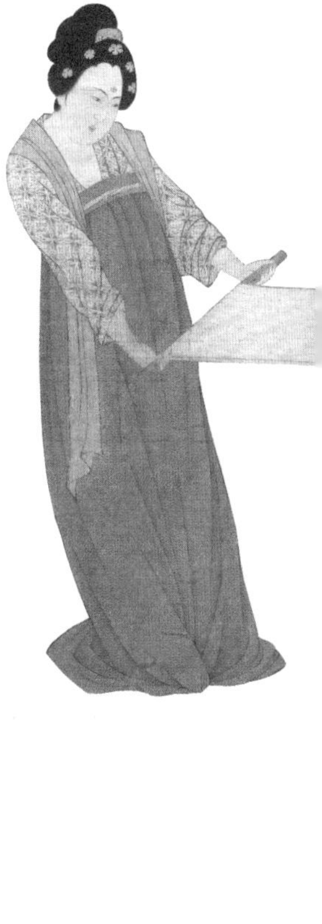

## 唐代灰陶加彩仕女俑

典型的『贵妇俑』。身材丰腴，樱桃小口，梳高而蓬松的发髻，穿宽大的长袍，衣袍下伸出两只尖头的小靴子。

## 唐彩绘陶宫装乐女俑

高38.4厘米。从服饰装扮来看，是唐初作品。

## 唐三彩马球仕女俑

女俑翻领窄袖软靴的胡衫，与唐代女性喜穿胡服相符。

## 唐陶塑女俑

唐代强调隆重的葬礼仪式，所以墓葬里常常看到大量的、以陶土制作的人形俑作为陪葬品。初唐的陶塑俑流行彩绘红陶，后期流行彩绘釉陶，唐高宗至盛唐流行三彩俑。女俑身穿束胸窄袖襦，长裙垂地，头梳双高髻，尽显唐代女子雍容华贵之气。其中有一种『贵妇俑』，又称『肥婆俑』，是根据唐代贵族女性服饰特点而塑造。我们特选一组唐代陶塑女俑，与前面唐代绘画作品相比较，显示其服饰文化的多样性。

唐彩绘陶乐女俑

14.6厘米×8.9厘米。

飘逸地拖曳在地上。李隆基大喜，为杨玉环超凡的姿色所倾倒，于是想办法将她据为己有。李隆基对杨玉环极度恩宠，杨玉环的宫廷生活非常奢侈，兄弟们厚禄高官，姐妹们荣华富贵，招惹得百官妒慕，人民仇恨。这便为后来的变乱埋下了杀机。

天宝十四载（755 年）冬，安禄山在范阳谋反，附和他的有六个郡，声势非常浩大。天宝十五载（756 年），安禄山破了潼关，直逼长安。李隆基仓皇决定逃往四川，便命大将军陈元礼带领兵马出发。早晨，他与杨玉环姐妹、皇子皇孙和亲近宦官出延秋门，向西南而行。李隆基一行到了离长安百余里的马嵬驿，满腹怨恨的将士们又饥饿又困乏，都不肯前进了。将士们说杨国忠与胡人勾结，就把他杀了。李隆基也非常怨恨杨国忠兄妹招致了国难，听凭将士们把杨国忠杀掉。杀掉杨国忠，将士们还不肯罢休，陈元礼等人对李隆基说："杨国忠谋反，杨贵妃也脱不了干系。她已经不适合留在国君左右了，也应当处死。"李隆基无可奈何，这个皇帝斟酌了帝位和美人的分量后，便让宦官高力士带着贵妃到佛堂的梨树下面，把她活活勒死了。

杨贵妃被勒死那天，一个村妇无意间拾到贵妃的锦袜一只。后来玄宗从四川回到长安，叫人选棺椁择地埋葬杨玉环。这时杨贵妃已经肌肤腐烂，只有那只锦袜如旧。玄宗见了，捧袜思人，潸然泪下。他命令画工把贵妃像绘在便殿的墙上，早晚望之嘘唏不已。

# 南唐李煜捧红女人小脚

女子的衣饰，到了南唐时代，不仅仅是使男人赏心悦目的附加品了，已经成了男人残酷迫害女子的道具。蹂躏中国妇女上千年的小鞋——三寸金莲，就是那个时候发明并发扬光大、流传推广的。

南唐后主李煜是南唐中主第六个儿子，在位十五年，然后把江山拱手让给崛起于北方的大宋王朝。李煜好读书，善作文、工书画、

▼五代南唐·周文矩《合乐图》

本画传为南唐周文矩所作。描绘的是皇室贵族在庭院里欣赏女乐演奏的场景。画卷右侧绘乐工十九人，均为女性，梳高髻，穿窄袖右衽襦裙，披帛束带。左侧为欣赏音乐的男女主人和侍从。此画是了解南唐时期服饰特征的重要资料。

◀明·佚名摹五代南唐周文矩《重屏会棋图》

图中画的是南唐中主李璟和自己的三个弟弟一起下棋的情景。画中戴黑色高帽者为李璟，右侧是其三弟李景遂，下棋的是四弟李景达与五弟李景逖。

五代南唐·周文矩 荷亭弈钓仕女图

本图旧传为南唐周文矩之作，但从画中仕女的服饰来看，应该是明清时的画家所绘。

知音律，是个颇有素养的高级文士。据说他有一方奇砚，色泽青绿，润如秋月。砚池中有个黄色的石弹丸，一年三百六十日，水都不干。而且有一只小青蛙头露水面，每到夜深人静时，蛙声如鼓，伴李煜弹琴作画。975年，宋军攻打南唐都城金陵，李煜出降，被俘到宋都汴京。李煜一钱未带，仅携了文房四宝，并用这方奇砚研出的墨汁，填写了一首首艺术性很高的词作。如《虞美人》，其中有“问君能有几多愁，恰似一江春水向东流”的名句，抒发了他刻骨铭心的亡国之痛，为人传诵千年而不衰。又如《望江南》：“多少恨，昨夜梦魂中。还似旧时游上苑，车如流水马如龙，花月正春风。”此词是李煜降宋后的作品，这几句词，通过梦境的描写，回顾了自己失国前游上苑的热闹，反衬了失国的凄凉，从而抒发了亡国之痛。宋太宗从这几首词中看出后主不忘旧国的感情，为免除后患，便找机会把他毒死了。

不过，也正是这个人，让中国妇女裹上了小脚。女子缠脚并非上古就有，而是后代才出现的，较为准确的时间是五代南唐末期。这位李后主虽然皇帝做得不怎么样，然而琴棋书画、吃喝玩乐样样精通。他的宫中有一位宫女，名叫窅娘。窅娘天生丽质、身段纤巧、尤善舞蹈，深得李煜宠爱。李后主治国不行，玩弄女性却有两下子。他特地命人制作了一朵金莲花，高六尺，上面装饰有珠宝、璎珞等，让窅娘在上面跳舞。窅娘的脚是用丝帛缠裹的，使之显得纤小上屈，如同新月一般。窅娘在莲花上蹁跹起舞，飘然犹如仙子凌驾于波端云际一般，将李后主的心思都吸引去了。从此以后，妇女们纷纷仿效，把脚裹得越来越小，人人都以纤小的脚为美。联想窅娘在金莲花上跳舞，就把小脚称为金莲。“三寸金莲”的名字由此

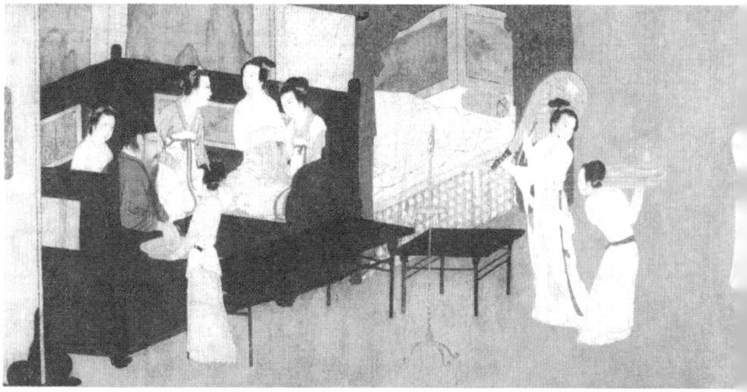

## 宋人摹五代顾闳中《韩熙载夜宴图》

北京故宫博物院藏。图卷描绘了南唐官员韩熙载家设夜宴载歌行乐的场面，共有五个场景，分别为：宴罢聆听、击鼓伴舞、画屏小憩、玉人清吹、夜阑余兴。《宣和画谱》记载：唐后主李煜欲重用韩熙载，便派顾闳中『夜至其第，窃窥之，目识心记，图绘以上之。』《五代史补》则说是韩熙载晚年生活荒纵，李煜让顾闳中『画为图以赐之，使其自愧，而熙载自知安然。』历代学者对《韩熙载夜宴图》中所表现的音乐、器具、服饰等内容多有研究，我们特选关于服饰方面的内容加以说明。五代时期的服饰文化上承唐代服饰的辉煌华丽，下启宋代服饰的『窄、瘦、长、奇』之常态，是唐宋时期服饰艺术转变的转折点。《韩熙载夜宴图》服饰造型女子为窄袖、短襦、长裙，男子是头戴幞头，身穿盘领长袍衫。画中除了一僧人外，其余男子都头戴幞头。其中韩熙载戴的是黑色高纱帽，此帽是韩熙载自制，人称『韩君轻格』。图中的女子穿短襦衫、长襦裙，腰间用丝带系束，衣服色彩以浅红、淡绿为主，头上有发饰，肩部披着帔帛。沈从文先生所著《中国古代服饰研究》认为此画『从人物开脸出相方法和服饰用器分析，应该是北宋初年』。

# 夜宴圖

得来。

裹脚先是宫廷贵妇的行为，后来才从宫廷蔓延到民间，荼毒中国妇女上千年。当初裹脚先是使它小巧，以后竟愈演愈烈，发展到朽骨腐皮的程度，早超出美的范畴了。对古代女性来讲，裹的脚越小就越好，也就越受赞扬，所以宁肯一辈子行走不便，也愿接受这般酷刑。

三寸金莲在民间不光是对小脚的最高礼赞，也成了与之相应的鞋的代名词。三寸金莲又叫尖鞋，名实相符。尖鞋的鞋底就像一个尖尖的大辣椒，两边鞋帮各有一个枪锋般的尖头。因为其小，又把尖鞋叫“小脚鞋”。脚越小越美，鞋也就越小越好，以至于小到穿不上的程度。三寸金莲非常紧，没有鞋楦子、鞋拔子的帮助是不能穿到脚上的。

传闻在过去男女订婚时，媒人要将女方的鞋样送到男方家让男方审查，若是男方同意就将鞋样按原样送回；若男方勉强同意，但还想让未来的新娘的脚再小点，就把女方送来的鞋样悄悄地剪下一圈儿，让女方照此鞋样做鞋。很明显，这样做的鞋新娘是穿不上的。据说俗语“穿小鞋”就是由此而来。

# 李师师和娼优服饰

李师师是宋代汴京名妓，因色艺双绝而名满全国。据说李师师本姓王，其父是东京城里的染匠，其母早逝，李师师自幼即舍身宝光寺。她四岁时，父亲因事入狱而死，姓李的鸨母将她收养，遂改姓李。李师师自幼沦入娼门，却生就一副侠肝义胆，加之美慧过人、才艺出众，很快名噪京城。

她走红汴京时，正值“风流天子”宋徽宗赵佶执政之时。这位赵佶皇帝颇似那个投错了娘胎的南唐李后主，琴棋书画、追蜂戏蝶，俱称一流高手，唯独不知该怎样当一个好皇帝。因此，此时

## 南宋·佚名　歌乐图卷

上海博物馆藏。《歌乐图卷》描绘了南宋宫廷歌乐女伎演奏、排练的场景。宋朝建立后，随着程朱理学的逐渐发展和深入，服饰文化与前代相比，变得样式简单质朴。男装基本沿袭唐代样式，普通人多穿交领或圆领的长袍；士人穿一种叫作『直裰』的对襟长衫。画中九位女伎穿的是宋代独有的红色窄袖褙子，高髻上饰以角状配饰；男性乐官佩戴朝天幞头，女童则戴簪花幞头。宋朝女子上衣有襦、袄、衫、大袖、褙子等多种形制，其中褙子是一种女性外衣，对襟，直领，长度过膝，衣袖有宽窄二式，并在左右腋下开衩（也称开契），衩的长度多在两尺以上，图中的宫廷乐女褙子已及踝。下身的裤一般都是不露在外面的，外面系着裙子，裙子有『石榴裙』『双蝶裙』『绣罗裙』等。有的裙子周身施以细褶，称『百褶裙』，有的中间打有细裥，叫『百叠裙』。有钱人家还专用郁金香草浸染裙子，穿在身上阵阵飘香，称之为『郁金裙』。贴身内衣有抹胸和裹肚。

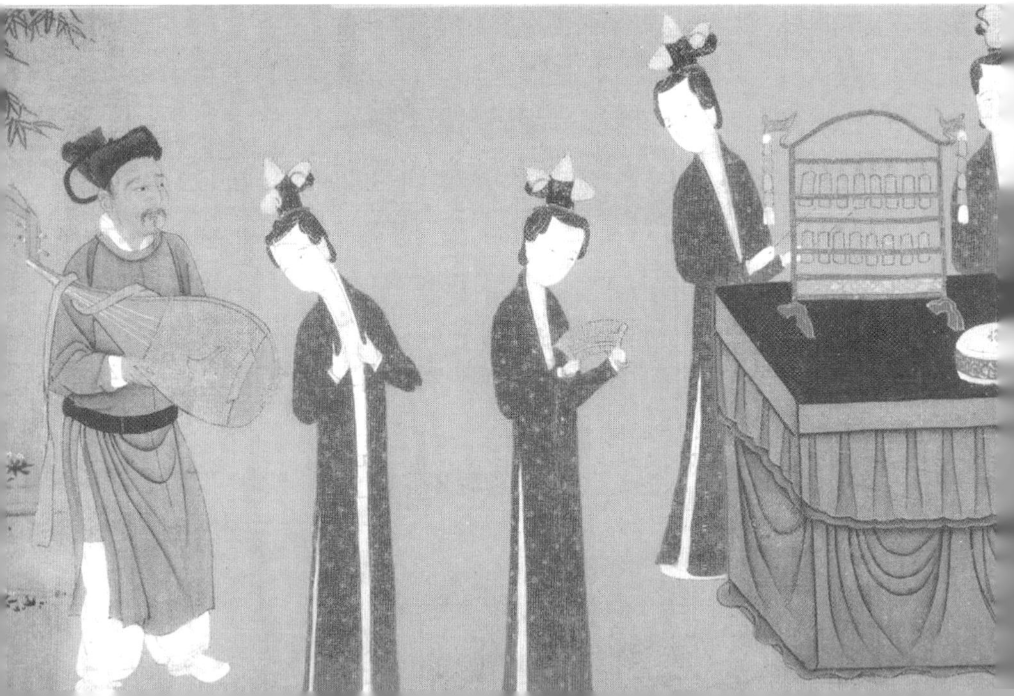

北宋王朝混乱黑暗的情况远远超过前几朝。那年秋天的一个晚上，赵佶在内侍张迪的唆引下微服出宫，夜访名妓李师师，过了一个销魂夜。这一夜，令徽宗皇帝觉得六宫粉黛尽失颜色，对李师师再也不能放开。此后，二人数次幽会于宫外，徽宗对娼馆赠以厚礼，并以其著名的“瘦金体”写下“杏花楼”三字。这样，李师师所在的这家娼馆，也就成了自古至今获得“证书”等级最高的娼馆。

娼优旧作“倡优”。“倡”指演唱，“优”指杂戏，本指供人消遣娱乐的艺人，泛指从事各类演艺活动的人。这些人一般都擅长某种技艺，所以有时也将这些艺人称之为“倡伎”，如精通音乐者，称“乐伎”；擅长舞蹈者，称“舞伎”。这种倡伎只需向人们献艺，不需出卖肉体。随着蓄伎之风的盛行，部分伎女除了演艺活动之外，还要为主人提供性方面的服务。久而久之，伎

宋代磁州窑瓷塑仕女

高30.5厘米。图中的仕女所穿为宋代大袖。《朱子家礼》记载：『大袖，如今妇女短衫而宽大，其长至膝，袖长一尺二寸。』原是皇嫔妃的常服，后来成为贵族妇女的礼服。按规定，地位稍低的女性不能穿大袖，说明此瓷塑仕女是大户人家所塑。

女被分为两类：一类以表演为主，俗称“艺伎”；一类以卖淫为主，俗称“色伎”。当然也有两者兼而为之者。

娼优是一种特殊的群体，尽管她们有着悲惨的身世，但在物质生活方面，却远比普通的平民百姓优裕。娼优的主人为了体现自己的地位，显示自己的财富，往往将所蓄娼优刻意打扮，着力装饰。所以大部分娼优服饰华丽，装扮入时。唐代以后狎妓成风，促进了色妓队伍的壮大，除宫妓、官妓、营妓、家妓等官府或私人蓄养的妓女以外，还出现了市妓。那是些专以卖笑为生的妓女，她们的服务对象，涵盖了社会各个阶层。这些妓女迫于生计，往往将自己打扮得分外妖冶，不同于普通妇女。

虽然各个时期的娼优服饰形制不一，但总体上呈现出两大特征。

首先是用料精美。娼妓服饰不是由蓄养她的主人置办，就是由狎戏她的客人馈赠，所以用料上乘，价值昂贵。这种情况并不值得大惊小怪，因为“包装”这些娼妓的人，不是富商世贾就是当朝显贵，有时甚至还包括皇帝。所以这种职业虽然下贱，但衣饰却非常贵重。其次是款式奇异。娼优之服除了在用料上铺张靡费外，在裁制时还颇为注重款式新颖，以吸引人们的注意。社会上崇尚褒衣博带时，娼妓之服则大多做得紧窄短小；当人们流行短衣时，娼妓之服又一反常态，变得异常宽大。另外在衣服的领子、袖口等部位，也是花样不断。有时用高领、有时则用低领，一时流行大袖、一时流行小袖，新奇别致。所以，是什么身份的女人，从她的衣装上就可判断。特别是那些以卖笑为生的色妓，为了迷惑异性，常常将服装裁制得妖冶奇巧、富于性感，有时甚至故意暴露出一部分身体。总体来说，娼优之服以用料珍贵、装饰华美、款式奇异为主要特色。

徽宗与李师师来往，免不了走漏风声，导致闹得民众尽知。于是，皇帝在皇宫与李师师住的镇安坊之间开挖一条地道，可以说他是个为嫖娼最卖力气的人了。

宋徽宗的昏庸使国事大乱，民不聊生，各地暴乱不断。相传聚众梁山泊起义的宋江，打算归顺朝廷时，想利用李师师与徽宗的关系，也偷偷进入汴京访李师师。由于李师师深得徽宗宠信，后来徽宗索性把她召入内宫，册封为瀛国夫人或李明妃。没几天，徽宗将皇位让给太子钦宗，李师师失去靠山，为了免祸，李师师将徽宗赏赐的钱财全部献给官府，以助河北军饷。不久，北宋灭亡。李师师在汴京失陷以后被俘虏北上，被迫嫁给一个病残的老军士为妻，最后悲惨地死去。

宋宣祖后坐像

宋宣祖赵弘殷正室、宋太祖赵匡胤生母。宋代尚火德，皇帝与皇后的常服为红色，而太后比皇后高一个等级，所以宣祖皇后上衣为更为尊贵的黄色，佩云凤纹霞帔。

## 南薰殿宋代帝后像

宋代女性服装大致可以分为三类：一是皇后、贵妃等各级命妇所用的『公服』；二是平民百姓所用的吉凶服称『礼服』；三是日常所用的常服。我们特选了一组藏于中国台北故宫博物院的『南薰殿宋代帝后像』来说明宋朝女子衣冠形制。宋朝女子流行戴冠，最为时尚的是『白角冠』，即将白色的牛角、羊角磨制成梳子后装饰在冠上。宋帝后戴九龙花钗冠，穿袆衣，梳的是宋朝极具标志性的贵族女子妆容——珍珠花钿妆。此妆整合了前朝的花钿、斜红、面靥等妆容，并以珍珠点翠为装饰组成，名为『珠翠面花』。从图像中可以发现，北宋袆衣的主体为一件衣、裳一体通裁的高交领大袖长袍。底色为深青色，配以朱红色袖边和衣缘，衣裳的下缘加以褶皱边锯，并在两侧上提以便行走。袆衣以红腹锦鸡和小轮花纹为饰，意为『后正位宫闱』，共有十二行，每一组都是一对锦鸡相互对望。

## 宋真宗后坐像

宋真宗赵恒的皇后，野史称刘娥。宋朝第一位摄政的皇太后。宋仁宗时，刘氏临朝称制十一年，功绩赫赫，常与汉之吕太后、唐之武则天并称，史书称其『有吕武之才，无吕武之恶』。宋真宗后头戴的九龙花钗冠是为她『垂帘听政』专门设计，冠上没有『凤』，而是若干『龙』以及『王母仙人队』。

宋神宗后坐像

宋神宗皇后头戴九龙花钗冠，两博鬓，带绶，环佩，端坐装饰考究的凳上，脚踏长方形小凳，着蓝底翟衣，衣上有百只凤凰及太极图点缀。向皇后，祖父为宰相向敏中。

宋徽宗后坐像

郑姓。宋徽宗被俘后，郑皇后随其北迁，死在五国城。郑皇后生性节俭，据说其皇后冠服皆用贵妃服改制。

宋高宗后坐像

吴氏，历高、孝、光、宁四朝。龙花钗冠，两博鬓，翟衣，带绶，环佩，面贴珠钿。

## 宋宁宗后坐像

杨氏，宋宁宗赵扩的第二任皇后。戴龙纹花钗冠，身着交领大袖的五彩袆衣，衣上织绣两雉花纹，并列成行，是为『摇翟』。

# 李清照当衣服

天高气爽，秋风阵阵，一对夫妻出现在京城大相国寺的庙会上。大相国寺是东京最大的佛寺，每月的初一、十五，那里都举行庙会。在庙会上，摆满了各种商品，也有出卖书籍、古玩和碑帖字画的。李清照抱着一包衣服，和丈夫赵明诚出现在那里。他们先来到一家经常光顾的当铺，把衣服在当铺里卖掉，然后把心仪已久的金石书画买回家。

李清照是南宋女词人，号易安居士。父亲是当时非常有名的学者，丈夫赵明诚为金石考据家。她早期生活安定优裕，与丈夫共同致力于书画金石的搜集整理。中原沦陷后，与丈夫南渡，过着颠沛流离、凄凉愁苦的生活。赵明诚去世后，李清照只身漂泊

清·崔鏏　李清照像

广州美术馆藏。

宋·刘松年 补衲图

于台州、温州、金华等地，境遇孤苦。晚年定居临安。

李清照精通诗词、散文、书法、绘画、音乐，诗词的成就最高。她的词委婉动听，感情真挚，居婉约词派之首，对后世影响较大。在词坛中独树一帜，称为“易安体”。

十八岁那年，李清照结了婚。她的丈夫赵明诚也是官家子弟，夫妻俩志同道合，除都能诗善文外，还有一个共同的爱好，就是收藏金石。即古代铜器和石碑上镌刻的文字书画。这些文物既是艺术品，又是历史材料的载体。

那时候，赵明诚还在太学里读书。赵、李两家虽然都担任不小的官职，但不是豪门巨富，没有多余的钱让他们购买文物。但这并不影响他们对金石的追求。每逢初一月半，赵明诚请假回家，就和李清照去大相国寺。李清照是个淡于吃穿的女性，收集金石是要钱的，她就把自己的衣服拿一些到当铺里押点儿钱，去逛金石市场。

赵明诚和李清照整天盘桓在那里，看到中意的碑文字画，就买下来。回到家里，夫妻二人一起细细整理、欣赏。他们俩把这件事当作他们生活上的最大乐趣。

过了两年，赵明诚当了官，他把所得的官俸几乎全花在购买金石图书上，从那以后，李清照不用卖衣服来买古董文物了。赵明诚的父亲有一些亲戚朋友在国家藏书阁供职，那里有许多外面没有流传的古书刻本，赵明诚通过这些亲友，千方百计把它们借来摹写。日积月累下来，他们家收藏的金石书画越来越多。李清照帮着赵明诚建立了书库大橱，编好目录，发现有一点污损，一定随时整理好，有力地促进了赵明诚的金石研究。经过将近

## 北宋・佚名　大驾卤簿图

中国国家博物馆藏。卤簿指的是古代皇宫仪仗队。图中表现的皇帝前往城南青城祭祀天地时的宏大场面。据研究者统计，此图卷共绘有『官吏将士五千四百八十一人，辂、辇、舆、车三十五种五十八乘，象六只，马二千八百七十三匹，果下马二匹，牛三十六头，旗、旃、纛九十杆，乐器一千七百零一件，兵杖一千五百四十八，甲装四百九十四，仪仗四百九十七』。此图是研究北宋车舆冠服与各种仪仗文化、兵器、乐器等制度的形象资料。

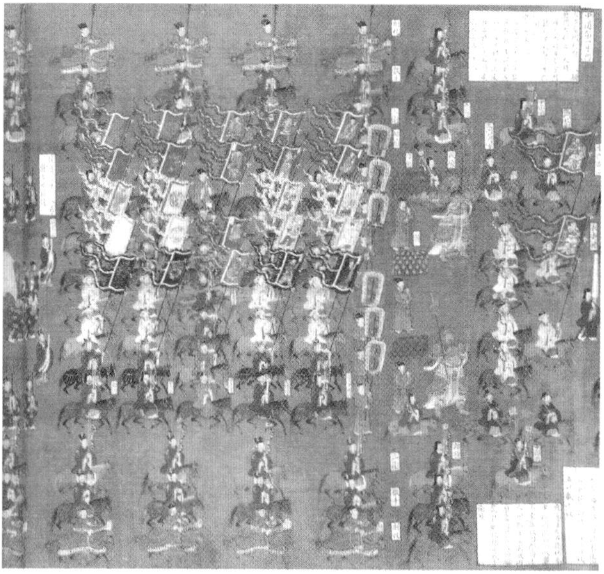

二十年的努力，赵明诚完成了一部记载古代历史文物的著作，叫《金石录》。

在国家动荡的年代，要埋头整理文物已经不可能了。东京被金兵攻陷的时候，李清照和赵明诚还在淄州（在今山东省）。不久，风声越来越紧，李清照跟着赵明诚到了建康。他们把名贵的金石图书，随身携带了十五车。后来金兵攻下青州，李清照留在老家的十几屋子文物，竟被战火烧成一堆灰烬。

到了建康以后，赵明诚接到诏令，被派到湖州当知府。那时候，兵荒马乱，不可能带李清照上任了。临走时候，李清照问丈夫说：

**清·佚名　仿仇英千秋绝艳图（局部）**

此图为清朝人仿绘的《千秋绝艳图》，绘写了历代五十七位著名女性人物，此为宋代李清照。

“万一金人再打过来，我该怎么办？”

赵明诚坚定地说：“见机行事吧。实在不行，先放弃家具衣被。再不行，把书画古器丢了。但是有几件珍贵的古代礼器，你可一定得亲自保护好。”

想不到赵明诚这一去，就去世了。

赵明诚去世后，李清照肝肠寸断。但是最要紧的还是继承丈夫的遗志，把文物保护好。李清照为了逃难，到处奔走。到她在绍兴定居的时候，她身边的文物散失的散失、被偷的被偷，只留了一些残简零篇了。

国家山河的破碎、珍贵文物的散失、丈夫的死别，对李清照的打击实在太大了。她把国破家亡的痛苦写成了许多诗词，流传下来。在一首诗里，李清照表达了她对南宋统治者渡江南逃的不满。诗中说：

生当作人杰，
死亦为鬼雄，
至今思项羽，
不肯过江东。

# 第三节　元明清时期服饰

服饰一直承载着中华文明的演进，作为一个时代对美和生活的朴素认识，不同时代服饰所呈现给我们的正是这个时代的生活美学和生活哲学。元、明、清三朝服饰既相继承，又有所不同。元为蒙古人入主中原，草原之风与汉服融合，给中华服饰中增加了『坎肩』一类。明取代元复兴唐宋文化，但服饰却保留了元服的部分特点，而明服中前代未见的立领则成为一时之盛，并影响至今。清代服饰则兼收并蓄，体现满汉蒙交融，服饰重装饰，细节处追求变化和繁缛，而在样式上则日趋现代化，长衫、马褂、旗袍等典型服饰更是一直流传至今，成为中国服饰符号的代表。

# 黄道婆把棉花织成了布

棉花原产于印度，汉魏时传入中国，元代起在中原地区普遍栽培。与此同时，棉布的纺织技术和制作工艺也相应地得到发展。而纺织技术和制作工艺的发展，与黄道婆是分不开的。

黄道婆是我国元代著名的纺织革新家，今上海华泾镇人。到了黄道婆记事的时候，棉花种植已经普及浙江、江苏、江西、湖南等地，不少妇女学会了棉布纺织技术。由于世道艰难、家境贫寒，从小就失去了骨肉亲人，孤苦无依，黄道婆不得不到人家做了童养媳。

童养媳其实就是女奴隶。黄道婆成年累月起五更、睡半夜，不但要侍候全家人的吃喝穿戴，而且春种夏锄秋收冬藏，样样农活都得参与，所以自幼就跟劳动紧密地联系在一起。她心灵手巧，好学好问，肯动脑筋，善于琢磨。虽然年纪很轻，可她的劳动经验相当丰富。劳动使她练就一副好身体，也使她更加聪明了。黄道婆喜欢纺织，她虽然每天累得筋疲力尽，仍然要挤出时间学习纺织技术。没多久，她便熟练地掌握了纺织的全部操作工序：剥棉籽，敏捷利索；弹棉絮，蓬松干净；卷棉条，松紧适用；纺棉纱，又细又匀；织棉布，纹平边直。她的生活里，没享受过慈爱，没得到过温暖，终于有一天，黄道婆放下手里的活计，逃走了。

黄道婆逃到了黄埔江边。一天夜里，她悄悄地登上了一艘正要起锚的商船，跪在船上，请求船主将她带到闽广海南一带。闽广海南一带是黄道婆一直向往的地方，很早以前，当她看到从闽广运来色泽美观、质地紧密的棉布和海南岛黎族女子所生产的匹幅长阔而洁白细密的织品时，就不由得对那些地区心驰神往，想学那里的纺织技术。恶劣的生活环境只是加速了她这个计划的实施。

在船员们的帮助下，黄道婆不避风险、忍着颠簸饥寒，闯过惊涛骇浪，先抵占城，随后到了崖州。她看到当地棉纺织业十分兴盛，便谢过船家在海南落了脚。

崖州的木棉和纺织技术强烈地吸引着黄道婆，朴实的黎族人民热诚地欢迎她、款待她。她同这里的兄弟姐妹结下了深厚的友谊，也爱上了这里的座座高山、片片阔林。拿起了著名的黎幕、鞍搭、花被、缦布，瞅着那光彩明亮的黎单、五色鲜艳的黎饰，黄道婆看了又看，爱不释手，赞美不止。为了早日掌握黎家的纺织技术，她刻苦学习黎族语言，耳听、心记、嘴里练，努力和黎族人民打成一片，虚心地拜他们为师。她研究黎族的纺棉工具，学习纺棉技术，废寝忘食，争分夺秒。每学会了一道工序、会用一种工具，她的心就仿佛开了花。黎族人民不仅在生活上热情照顾黄道婆，而且把自己的技术无保留地传授给她。聪明的黄道婆把全部精力

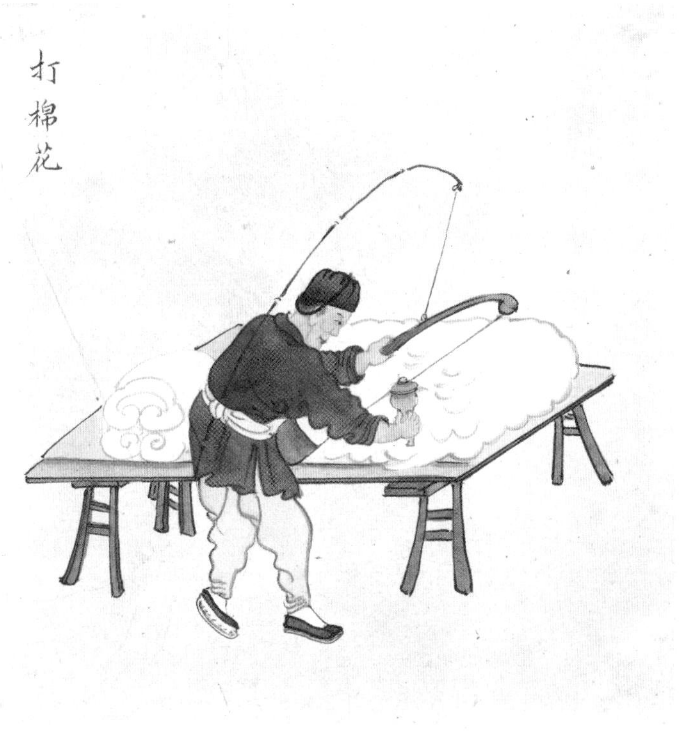


**清·佚名　打棉花图**

棉花原产于印度，汉魏时传入中国，元代时，开始在中原地区普遍栽培。黄道婆改革棉纺织工具，制造了新的擀、弹、纺、织等工具，刷新了上海棉纺业的面貌。

元太宗窝阔台半身像

孛儿只斤·窝阔台，元太祖成吉思汗的第三子，史称『窝阔台汗』。图中窝阔台头戴貂皮暖帽。元代男子冬天戴帽子、夏天戴笠子，其中一种名为『瓦楞式』的帽子较为流行。

元世祖后半身像

元世祖忽必烈的皇后弘吉剌·察必，头戴珍珠饰罟罟冠（又称姑姑冠），『罟罟冠』一般以两块桦皮围合成圆筒，外裹红丝绸，缀以珠饰，冠顶插雉尾。图中皇后的『一字眉』是蒙古族女特有的一种妆饰，先将天生的眉毛剃掉，然后画上细长的『一字眉』。皇后身上袍服的锦缘为元代御用『纳石失』伊斯兰风格织金锦。元代以红为贵，最高阶层穿红色和紫色，中产阶级穿青色和绿色，普通百姓只许穿檀褐色等暗色服装。

都倾注在棉纺织事业上，又得到这样无私的帮助，很快学到了她们的先进纺织技术。转眼间三十年过去了，黄道婆的一头青丝变成白发，她也终于成为一个技艺精湛的棉纺织专家。

于是，黄道婆搭船离开美丽的崖州，重返她阔别三十多年的长江之滨。经过了改朝换代的战乱，黄道婆的公婆和丈夫早已先后死去。她一无牵挂，只抱着造福于民的善良愿望，不顾晚年体力衰微与生活孤单，回到家乡马上投身于棉纺织业的传艺、改良和创新活动中。乡亲们欢迎她满载而归，她更是不辞辛苦，东奔西走，热心地向乡亲们讲述黎族的优良织棉技术。同时，黄道婆还把黎家先进经验与上海的生产实践结合起来，努力发挥自己的才能智慧，积极发明创造，并对棉纺织工具与技术进行了全面改革。黄道婆制造了新的擀、弹、纺、织等工具，改变了上海棉纺业的面貌。

首先是改革了擀籽工序。她先打听家乡近些年是怎样去籽净棉的，妇女们苦恼地告诉她，还是用手指一个一个地剥。黄道婆说："从现在起，咱们改用新的擀籽法吧。"便教大家一人持一根光滑的小铁棍儿，把籽棉放在硬而平的捶石上，用铁棍擀挤棉籽。试验以后，妇女们乐不可支地嚷着：一下子可以擀出七八个籽儿呀，再也不用手指头挨个儿抠了！

黄道婆见大伙高兴，也感到十分快活，但并不满足。她觉得，用手按着铁棍儿擀，还是比较费力的，便继续寻求新办法。她想到了黎族脚踏车的原理，心里豁然一亮，马上和伙伴商量利用这一原理制造轧棉机，白天黑夜都试验。最后，她用四块木板装成木框，上面竖立两根木柱，柱头镶在一根方木下面，柱中央装着

元·佚名　春景货郎图

图中有货郎二人，其中一人手执鹦鹉兜售，另一人在货担边站立。顾客是一妇人与二个童子。货担笼中鸟色品种殊异，并且有各式儿童玩具。图中人物设色妍雅，服饰细节考究。元代普通女性多穿窄袖袍，常在常服之外，罩一件短袖衫子，称为襦裙半臂。

元·佚名　同胞一气图

画中四个孩童正在围着炉烤包子吃，这亦为『同胞一气』的由来，即以烧炙包子时冒出的烟结成一气，有表示团结之义，其衣着、长靴、皮帽皆为元人式样。

带有曲柄的木铁二轴，铁轴比木轴直径小，两轴粗细不等，制作成了一个精巧的轧棉机。黄道婆同两个姐妹，一个人向直径不等的铁木二轴之间的缝隙喂籽棉，一个人摇曲柄，结果，棉絮棉籽迅速分落于两轴内外两侧。太好了，又省力，又出活儿！妇女们围着这台新式轧棉车，欢跃起来，庆祝创制成功。

与此同时，黄道婆改革沿用多年的小弓，将一尺半长的弓身改为四尺多长，弓弦由线弦改为绳弦，将手指拨弦变为棒椎击弦。这结实有力的大弓，弹起棉花来节奏鲜明，仿佛响起一支好听的劳动乐曲，弹出来的棉花蓬松虚软，又快又干净。接着，在纺纱工序上，黄道婆创造出三锭脚踏纺车，代替过去单锭手摇纺车。脚踏的劲头大，还腾出了双手握棉抽纱，同时能纺三支纱，速度快、产量多，这在当时世界上是最先进的纺车，实在是个了不起的技术革命。

在织布工序上，黄道婆对织布机也有一定的改革。她借鉴我国传统的丝织技术，汲取黎族人民织“崖州被”的长处，与乡亲们共同学习研究错纱配色、综线挈花等棉织技术，织成的被、褥、带、帨（手巾）等，上面有折枝、团凤、棋局、字样等花纹，鲜艳如画，驰名全国。

黄道婆回乡几年之后，松江、太仓和苏杭等地，都用她的新法，效率提高了不少，以至有“松郡棉布，衣被天下”的美誉。制棉业由此逐渐兴旺起来，以至于乌泥泾附近一千多户靠棉织技术谋生的居民，生活水平都比过去显著提高了。

黄道婆的研究成果、辛勤劳动实践，有力地影响和推动了我国棉纺织业的发展。她在我国纺织史上留下了光辉灿烂的一页。

# 古代妇女的裹脚习俗

阳光明媚，春风和煦。马皇后和朱元璋与民同乐，到郊外踏青。马皇后头戴凤冠，身披真红大袖衣，下穿红罗长裙，与朱元璋一起，出现在普通百姓之中。突然，一个小旋风从水面上生成，上岸后竟然来到马皇后脚下，将她的红罗长裙掀起。这一阵旋风不要紧，竟然刮掉了好多人的乌纱帽和脑袋瓜。因为旋风经过，把马皇后的大脚丫子暴露在众多游人面前，这叫朱皇帝无地自容。

在中国古代，人们称女子为小脚女人。而女人的小脚，也被

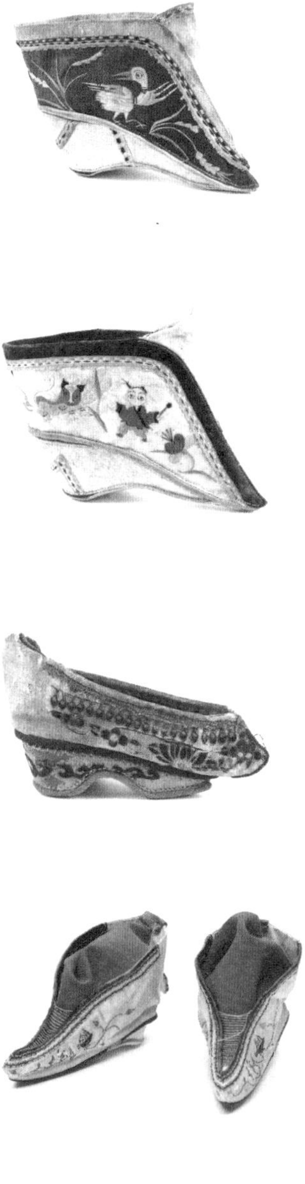

古代弓鞋

在中国古代，人们称女子为小脚女人。而女人的小脚，也被称为『三寸金莲』。元末明初时，女子缠脚已成为一种天经地义的事情，天足大脚反而成为人所不齿的行为。

称为“三寸金莲”。古时候，妇女缠脚是一种美或者是时髦，然而到元末明初，女子缠脚已成为一种天经地义的事情，天足大脚反而是为人所不齿的事情。而女子的脚最好要小到三四寸，这样才显得身段窈窕、娇怯动人。为了达到这样的效果，女子从小缠足裹脚的陋俗就应运而生了。其实，所谓小脚，就是把小女孩的两只脚，用布带死死地裹起来，裹到骨头也断了、肉也烂了，而且不管断不断、烂不烂，还是要裹下去，直裹到一个畸形的新脚长出来，才算完毕，这时候这个女孩子再也不会活乱蹦跳了，走路都走不好，自然就谈不上跑来跑去。

史料记载，缠脚到民国初年才被禁止，这样算来，这一陋习延续的时间长达千年。

虽然缠足裹脚在元末明初是理所当然的事情，但有些乡下女人，还是成了漏网之鱼，拥有了一双天足或解放脚。这种人最怕

## 明代男装

明代上层的男性多穿青布直身的宽大长衣，头上戴四方平定巾，一般平民则裹头巾，穿短衣。此时，还流行一种六瓣、八瓣布片缝合的小帽，样子像是剖成半边的西瓜，以前本来是仆役所戴的，因其方便使用，深受众人喜爱。在明代，男女皆可穿披风，对襟，直领，领的长度约一尺左右，衣身两侧开衩，大袖敞口，前后分开不相连属。

## 明代女装

明代妇女的服装，主要有衫、袄、霞帔、褙子、比甲及裙子等。衣服的基本样式恢复了汉族的习俗，一般都为右衽，与唐宋时一样。普通人家成年女性的服饰很朴实，主要有襦裙、褙子、袄衫云肩及袍服等。年轻女性会在襦裙中间加一条短小的腰裙，方便活动。明朝女子髻式也颇多，流行在额上系兜子，名『遮眉勒』。内衣有小圆领，颈部加纽扣。

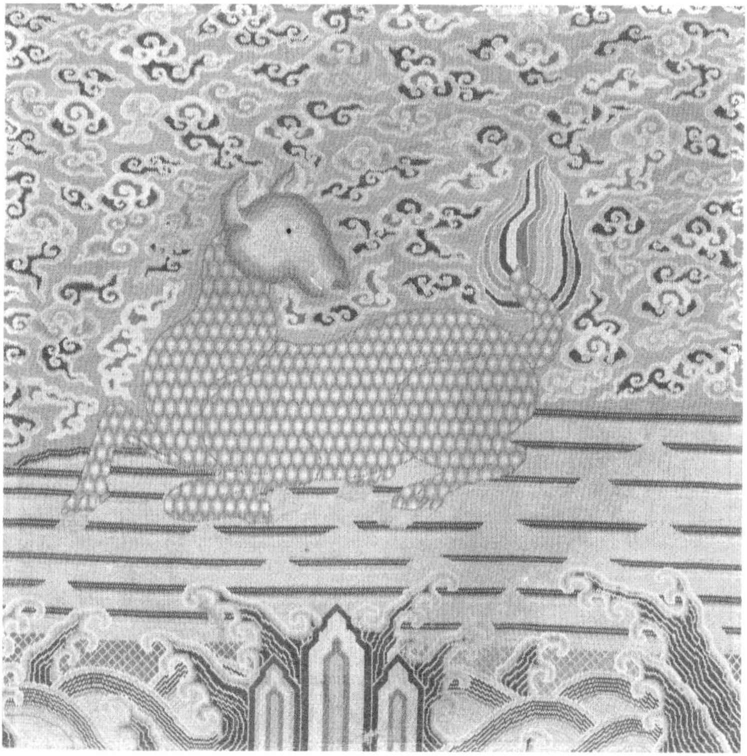

明麒麟纹一品武官补子

补子又称胸背，不同等级的官员补子的图案不同。洪武二十四年定制，公、侯、驸马、伯，服绣麒麟、白泽。文官一品仙鹤、二品锦鸡、三品孔雀、四品云雁、五品白鹇、六品鹭鸶、七品鸂鶒、八品黄鹂、九品鹌鹑。杂职练鹊。风宪官獬。武官用兽，一品麒麟、二品狮子，三品豹、四品虎，五品熊罴，六品彪、七品八品犀牛，九品海马。

成名，一旦成名，人人就注视其脚下，害得她们无法交代。明太祖朱元璋的马后，就有双全国闻名的大脚，明太祖为了维护这双大脚，不知砍了多少人的脑袋。在朱元璋还没有当上皇帝的时候，这双大脚还没有那么显眼。但当朱元璋当上皇帝后，马皇后的大脚就越来越成为问题了，因此马皇后很少有什么出头露面的机会。这一次，天气真的非常好。马皇后终于出来走走了。因为皇后出巡，大家都想看看她的风采。但是天公不作美，一阵春风吹起了马皇后的衣服，结果露出了一双大脚。原来这马娘娘因出身贫寒，父母亲无力将她养在深闺当千金，将其当成劳动力使唤，自然也就没有给她裹脚。如今虽然时来运转，当了皇后娘娘、母仪天下，却还拖着一双大脚，明知道丢人现眼，然而生成的骨头长成的肉，砍不能砍去，剁不能剁掉，没有一点补救的办法。她为此苦恼透顶，把那双特大号的脚紧紧藏在衣裙下，连内宫太监都不曾知道。这下倒好，叫春风将底儿给露了。没过几天，皇宫内外，全国上下都知道了正宫娘娘的那双大脚，弄得满城风雨不算，还留下了一句流传至今的俗言俚语——露了马脚。

不但马皇后有着一双大脚，李鸿章的妈妈也长着一双大脚，所以外号叫“大脚妇人”。西太后五十大庆时，母以子贵，要召见李老太。李老太坐轿子到北京，满朝文武拍李鸿章马屁，都去欢迎。李老太从轿子里伸出一只脚来，李鸿章怕她着凉，或许怕丢面子，请李老太缩一下，李老太勃然大怒，大叫：“你老子都不嫌我脚大，你倒嫌我脚大。”一气之下不下轿了。经过好说歹说，指天画地，李老太才回心转意，最后见到同样大脚的西太后，出尽风头，也使全国“大脚”精神为之一振。

## 明太祖孝慈高皇后像

马氏，明太祖朱元璋结发之妻。民间称大脚皇后。

## 明成祖仁孝文皇后像

徐氏，明成祖朱棣嫡后，明开国功臣徐达嫡长女。

## 明宣宗孝恭章皇后像

孙氏，明宣宗朱瞻基的第二任皇后。

## 明代皇后凤冠

明代皇后在受册、谒庙、朝会时戴凤冠，以金属丝网为胎，上缀九龙四凤，其中一龙口衔大珠一颗。冠上有翠盖，冠沿垂珠结，冠上加珠翠云四十片及众多大小珠花，鬓上饰金龙、翠云。除后妃所戴凤冠之外，还有一种普通命妇所戴的彩冠，不缀龙凤，仅缀珠翟、花钗。皇后礼服有两种：一为深青色，绘赤质翟的袆衣，亚纹领，袖口衣边以红罗为饰；一为深青色，上织翟纹十二等，间织小轮花的翟衣，领、袖口、衣边均为红色。如皇后册立之后，回宫更换燕居冠服。我们特选一组明代皇后半身像，用以说明皇后凤冠的各个细节。

**明英宗孝庄睿皇后像**

钱氏。明英宗朱祁镇之正宫皇后。明英宗返回北京被囚禁于南宫期间，生活困难，明孝庄睿皇后用手工针织补贴二人生活。

**明英宗孝肃皇后像**

周氏，明英宗朱祁镇贵妃，明宪宗朱见深生母。谥号为孝肃贞顺康懿光烈辅天承圣皇后。

**明宪宗孝贞纯皇后像**

王氏，明宪宗朱见深第二任皇后。

明世宗孝洁肃皇后像

陈氏，明世宗朱厚熜第一任皇后。

明穆宗孝安皇后像

陈氏，明穆宗朱载垕皇后。

明穆宗孝定皇后像

李氏，明穆宗朱载垕妃嫔，明神宗生母。事实上并没有做过皇后，而是驾崩后上尊谥曰孝定贞纯钦仁端肃弼天祚圣皇后。

## 明光宗孝纯皇后

刘氏，明光宗朱常洛淑女，崇祯帝朱由检生母。朱由检五岁时刘氏不明原因地去世。朱由检即帝位后，为母亲上谥为孝纯恭懿淑穆庄静毗天毓圣皇后。

## 明光宗孝和皇后

王氏，明光宗朱常洛才人，明熹宗朱由校生母。明熹宗即位后，尊称孝和恭献温穆徽慈谐天鞠圣皇太后。

放脚其实比杀头都难，就是说，我们中原人是宁肯让你杀男人的头，决不让你放女人的脚。慈禧太后最反对裹脚，然而他们满族人能统治中国，对我们女人的小脚却无可奈何。直到民国，裹脚之风仍然盛行，乃至各地的国民党政府纷纷成立“放脚会”，而且一般都由县长亲自担任会长。但不少女性就在放脚会的人刚一走，便又把脚给裹上了，因为她们的母亲，以及她们自己都非常担心会因为脚大而嫁不出去。经过差不多半个世纪的斗争，直到中华人民共和国成立前后，人们才自觉地不再缠脚了。

# 范进的毡帽变乌纱

中国人戴毡帽的历史很悠久。《儒林外史》开篇中，吴敬梓就给那位一度与范进一样可怜的老童生周进戴了一顶毡帽。鲁迅不但让他那爱大于恨的阿Q头上套了一顶这样的东西，也让给了他许多美好回忆的少年闰土和给他带来过无尽感伤的老闰土头上戴上了这东西。毡帽在文学作品中似乎总是贫苦破落的代名词，殊不知，它实在是中国人保全自己的最好证据。

在毡帽很流行的时候，其颜色大多是黑色，所以乌毡帽也就成了毡帽的代名词。乌毡帽是尖顶、圆边，前沿摊成簸箕形。它

## 明·谢环　杏园雅集图

《杏园雅集图》讲述的是杨士奇、杨荣、杨溥等九位名士聚会的情景。明宣宗驾崩后，太皇太后又命所有部门议案均先经过内阁三杨（杨士奇、杨荣、杨溥）的咨议后再进行裁决。三人当时亦很自信，分遣文武镇抚江西、湖广、河南、山东等地，慎刑牢狱，此外严格官员考核机制。当时以称杨士奇为『西杨』，杨荣为『东杨』，杨溥则为『南杨』。此次聚会的地方是杨荣府邸内的杏园，象征着科举中第。《杏园雅集图》里到场的人物，都是当朝的官员，除谢环与杨士奇、杨荣、杨溥之外，还有王英、王直、周述、李时勉、钱习礼、陈循。图中人物皆穿『章服』，明代文武官的冠服有朝服、祭服、公服、常服、燕服、蟒服、飞鱼服、斗牛服等。有乌纱帽、团领衫、束带。洪武六年规定，一、二品用杂色文绮、绫罗、彩绣，帽珠用玉；三至五品用杂色文绮、绫罗，帽顶用金，帽珠除玉外随所用。六至九品用杂色文绮、绫罗，帽顶用银，帽珠玛瑙、水晶、香木。一至六品穿四爪龙（蟒），许用金绣。

是用低档羊毛反复锤碾，制成毛毡，再上浆、洗练、染色后套在模型上制成的。农民买来后，一般都是自己再折成簸箕形，使雨水能从帽子的前沿流下，同时还可以在帽子上边放香烟和票据等零碎小东西。

北方大多是农民戴它。而在江南，乌毡帽不仅仅农民戴，渔民、船工等都戴。其实，那个时候，中国的中下层老百姓都喜欢戴，就连读书人也戴着它。

小说《儒林外史》中的范进和匡超人贫穷时都是比较忠厚的老实人。他们依靠出卖自己那点儿可怜的文化知识来养活自己和家口。范进穷得没有饭吃，抱着一只生蛋的母鸡到市场上去兜售，情形十分狼狈。当然，那时范进是肯定戴着毡帽的，因为有人打他头的时候，毡帽可以起到保护作用。据说范进的那次著名的考试，也戴着毡帽。那一天，范进骑着小毛驴不紧不慢到了省城，考试已经开始了。主考官当年考举也是历尽坎坷，所以他相当能体会

**明·佚名　十同年图卷**

北京故宫博物院藏。本幅无款印。卷后有李东阳书《甲申十同年图诗序》。之后有闵珪、张达、曾鉴、谢铎、焦芳、刘大夏、戴珊、陈清、王轼、李东阳等10位与会者的唱和诗，诗为七律，或两首，或一首，惟李东阳三首，共18首，皆本人亲手书。图中的明代官员同为明天顺八年甲申（1464年）的同榜进士，弘治十六年癸亥（1503年）三月二十五日，处闵珪府第之达尊堂聚会。画面上人物分为三组，从卷首起第一组三人分别是南京户部尚书王轼、吏部左侍郎焦芳、礼部右侍郎谢铎；第二组四人分别是工部尚书曾鉴、刑部尚书闵珪、工部右侍郎张达、都察院左都御使戴珊；第三组三人分别是户部右侍郎陈清、兵部尚书刘大夏、户部尚书兼谨身殿大学士李东阳。此次聚会经过精心准备，宴饮唱和之外并绘图纪念，画工现场写生，只有焦芳因赴湖南公干，事先预留下旧稿。因此图中每人的相貌均为真实的写照。此图当时共画了十本，每家各留一本。此卷是闵家所留。

落魄学子的辛酸。这天他刚发完卷子，坐在高高的太师椅上想休息一下，就看见匆匆忙忙走进来一个考生，此人面黄肌瘦，花白胡须、头上戴着一顶破毡帽，天气如此炎热，但他还穿着麻布直裰，畏畏缩缩的样子。按规定范进已不能入场考试了，但主考大人见范进样子可怜，一下子想起了自己的过去，就把卷子递过去，勉励一番。范进谢过主考大人，双手接过卷子，准备考试。也是苦尽甘来，范进居然考中了。这个戴毡帽穿破衫的落魄书生竟然高兴得疯了，在大街上丑态百出。范进中举以后，拜访的人有了，送礼送钱甚至送房子的人有了。有趣的是，一向对他白眼多黑眼少、想骂就骂想啐就啐的岳丈大人也开始巴结他了。有了如此的荣耀和地位，范进自然不用再戴破毡帽了，可见人们戴它也是不得已而为之。

自此以后，范进吉星高照，毡帽自然变成乌纱帽了。别看乌纱帽轻而且薄，它护头的功能可非同一般。

# 补子、褂子，从官服到民服

提到清朝人，不少人脑海里的第一印象就是有一条长长的辫子，穿着一件长褂，最外面再套一件马褂……

虽然满人都说自己被汉化了，但从某种程度上讲，其实汉人也被满化了。因为当年的大街小巷里，满是带着瓜皮帽，穿着长袍马褂的汉人。这种异于汉人的服饰，在清朝的二百多年里成为人们出门必穿的服装之一。

作为“清朝服饰大三样”之一的瓜皮帽，其实早在明朝时期就已经兴盛起来。当时，瓜皮帽被称作“六合一统帽”，如果再往前追溯，我们会发现这种帽子跟元朝时期蒙古人戴的毡帽十分相像，只是当时汉人要梳发髻，蒙古人要梳辫子，所以元明时期的帽子明显要高一些。而且，元明时期，戴这种帽子的主要是市井小民，那些高官士族是很少戴的。可清朝不同，无论庶民也好，官员也好，就连皇上也偶尔会戴一戴瓜皮帽，只

清代皇帝服饰可分为三大类：礼服、吉服和便服。礼服有朝服、朝冠、端罩、衮服、补服；吉服有吉服冠、龙袍、龙褂；便服也叫常服，是在典制规定以外的平常服饰。其中龙袍又称龙衮，绣有九条金龙，胸前、背后各一，左右两肩各一，前后膝盖处各二，还有一条绣在衣襟里面。取《易·干》中『九五，飞龙在天，利见大人』之意，这也是『九五至尊』。龙袍的下摆，有『水脚』斜向排列着许多弯曲的线条。水脚之上，有水浪，水浪之上，又立有山石宝物，称之为『海水江涯』，寓意为『一统山河』和『万世升平』。除了龙纹，龙袍上亦有『十二章纹』，即日、月、星辰、山、龙、华虫、黼、黻、宗彝、藻、火、粉米。代表着十二种不同的品德。清代龙袍以明黄色为主，也可用金黄、杏黄等色，并且规定，只有皇帝、皇后、太后才有资格穿这种规制的龙袍。我们特从清内府绘本《皇朝礼器图式》选取皇帝、皇后，太后，皇子福晋，贝勒的服饰加以说明。

皇太后、皇后夏朝裙

皇太后、皇后夏朝袍

皇帝冬朝服

皇帝冬朝服

皇帝冬朝服

皇帝夏朝服

皇子福晋夏朝袍

皇太后、皇后龙袍

贝勒冬朝服

是帽子的材料样式有所区别罢了。

除了瓜皮帽，马褂也是很值得一说的清朝服饰。实际上，马褂和清朝的部分官衣一样，都是起源于明代的军服。通过明清战争，这种军服传给了满人，最后发展成了清朝的一种经典服装。

有人问了，马褂都是从汉服演变来的，那长袍也是从汉服发展来的吗？毕竟清朝人的长袍，看上去跟汉民穿的圆领袍有些类似啊。可答案是否定的，清朝的长袍是由蒙古服饰发展而来的，只不过在蒙古长袍的基础上做了改良，让它变得更加轻便保暖。

除了长袍马褂，清朝老百姓在服饰方面还有个相当有趣的穿搭，那就是“长衣套小衫”。为什么说这种穿搭有趣呢，因为元明时期，这样穿搭衣服的大多是女性，可到了清朝，这种打扮就成了不少男性的心头好。尤其是一些文人，相比长袍马褂，他们更钟爱“长衣套小衫”的穿搭。

当然，不管哪个朝代，老百姓的服装饰品和穿衣风格都不可能与统治阶层相同。随着社会发展，服饰除了遮羞、御寒、保暖等基础功能外，还有它的另一种功能——彰显身份。

根据《易经》记载，尧、舜等人都曾制定与衣服相关的礼仪，《周礼》也有周朝按照官员等级制定官服的记载。为了合乎礼仪、彰显身份，以及为了更好地统治国家，清朝的统治者也将服饰作为官位的一种象征，制定了清朝特有的官衣样式。

在明朝补服的基础上，清朝根据满族文化制定了新的官服——“补子”。通过补子，我们能清楚地辨认出官员的职级大小。可以说，补子是汉文化与满文化融合的服饰，也是中国传统官服的一种特殊形态。

## 清代朝珠

清代自皇帝、后妃到文官五品、武官四品以上，皆可配挂朝珠。朝珠是从佛教的『念珠』衍化而来，一般由身子、佛头、纪念、背云、大坠、坠角组成。朝珠多用东珠（珍珠）、珊瑚、蜜蜡、绿松石、迦南香等世间珍物琢制，以明黄、金黄及石青色绦为饰。我们特从中国台北故宫博物院收藏的清代朝珠遴选部分加以说明。

清迦南香朝珠

清嘉庆金嵌宝石朝珠

长75厘米。

清蜜腊朝珠

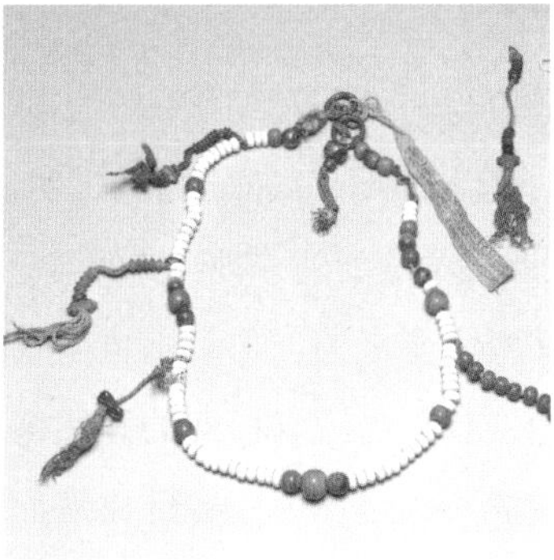

清砗磲朝珠

约长38厘米。

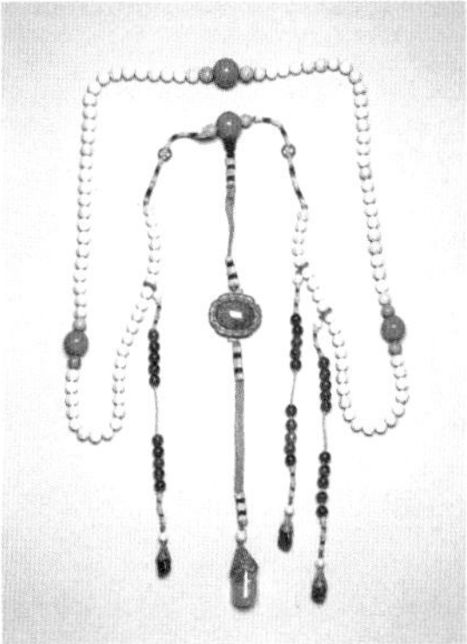

清嘉庆东珠朝珠

东珠源自满人发祥地，而倍显尊贵，唯有皇帝、皇后与太后才能够佩戴东珠朝珠。

清绿松石朝珠

不含背云长82.0厘米。

## 冠顶

清代官员朝冠和吉服冠上的顶饰，因标志官员等级，又称顶子。清代冠顶对于金顶形式等次，东珠及各色宝石数量、等级、使用阶层之制度非常规范。我们特选部分台北故宫博物院所藏冠顶加以说明。

**清 金镶东珠猫睛石嫔妃朝冠顶**

高16厘米

**清 金镶东珠皇帝朝冠顶**

全高12.5厘米。东珠是东北的珍珠。图中的皇帝朝冠顶分为三层，贯东珠各一，皆承以金龙各四，饰东珠四，上衔大珍珠一。

**清 金镶东珠皇帝吉服冠顶**

**清 金镶珊瑚吉服冠顶**

根据清代冠制，吉服冠顶用珊瑚戴三眼孔雀翎的有固伦额驸；镇国公吉服冠亦用珊瑚，戴双眼雀翎，还有辅国公、和硕额驸。同时，民公、吉服冠顶用珊瑚，侯、伯、文武一品、镇国将军、郡主、额驸子也属此类。

**清 银镀珊瑚松石朝冠顶**

全高7.1厘米

**清 银镀金镶红色宝石朝冠顶**

全高14.4厘米。此朝冠顶凡文一品、武一品、镇国将军、郡王额驸和子皆可戴用。

# 清代文武官员补服图

在电视上，我们经常听到台词『摘了你的花翎』，这就是免去职务的意思。因为清朝的官员凡戴官帽，都需在顶珠之下装一支两寸长的翎管，用来安插翎枝。花翎用孔雀翎毛做成，俗称孔雀翎，蓝翎则用鹖羽制作。其制六品以下用蓝翎，五品以上用花翎。文武百官品服有朝冠、吉服冠、朝服、补服、蟒袍等。蟒袍，一品至三品绣五爪九蟒，四品至六品绣四爪八蟒，七品至九品绣四爪五蟒；自亲王以下皆有补服，其色石青，前后缀有补子，文禽武兽。贝子以上王亲用圆形补子，其余用方补。文官五品、武官四品以上，及科道、侍卫等职，均需悬挂朝珠，朝珠共一百零八颗，旁附小珠三串（一边一串，一边二串），名为『纪念』。清朝补子上的图案标明官的类别和等级，禽鸟图案是文官，猛兽图案是武官。具体为：文官一品的补服图案为『仙鹤』，二品为『锦鸡』，三品为『孔雀』，四品为『云雁』，五品为『白鹇』，六品为『鹭鸶』，七品县官为『鸂鶒』，八品县丞为『鹌鹑』，九品县主簿为『练雀』。武官一品补服图案为『麒麟』，二品为『狮』，三、四品为『豹』，四品为『虎』，五品为『熊』，六品为『彪』，七、八品为『犀牛』。此外，监察官员如御史、按察使等，不分级别，一律用『獬豸』（即传说中的能主持公道的一种独角兽）。

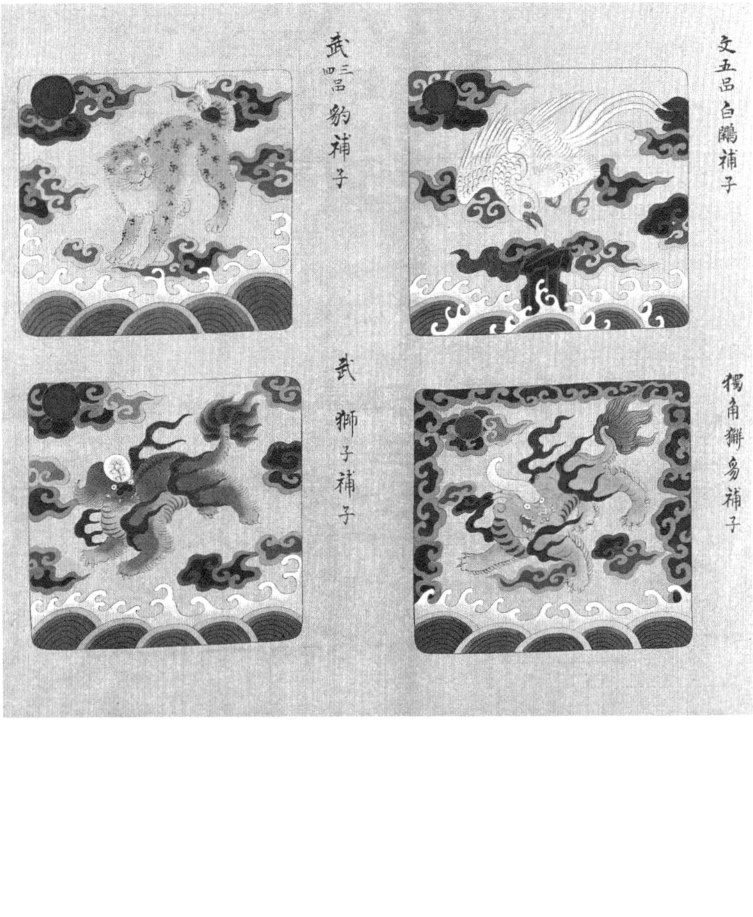

# 清代文武官员补服图（续）

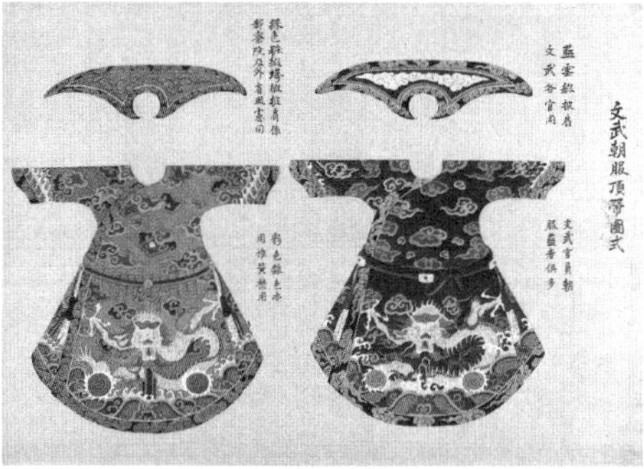


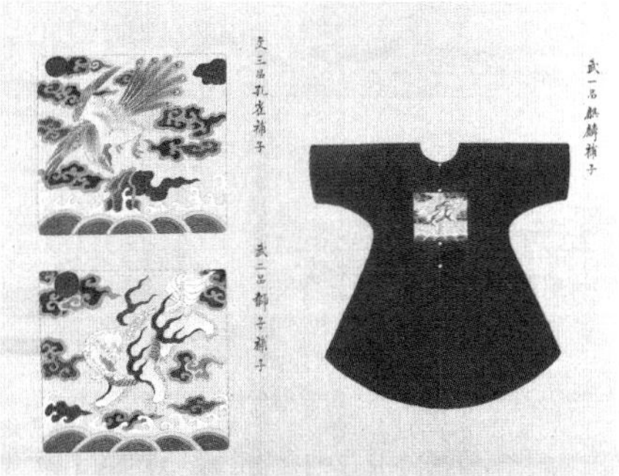

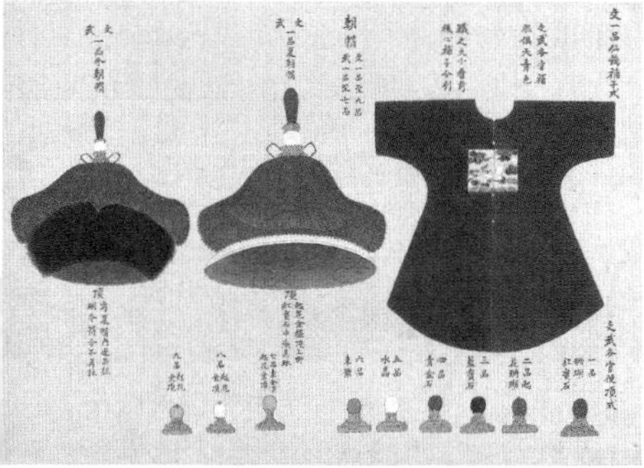

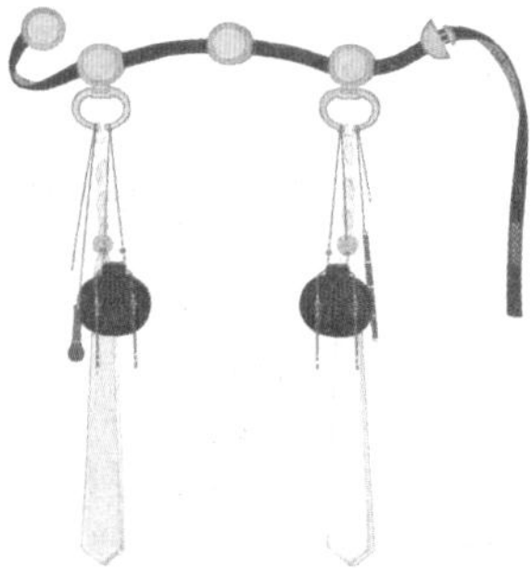

文五品朝带

明朝时期，文官一品绣仙鹤，二品绣锦鸡，三品绣孔雀，四品绣云雁，五品绣白鹇，六品绣鹭鸶，七品绣鸂鶒，八品绣黄鹂，九品绣鹌鹑。武将一品绣斗牛，二品绣飞鱼，三品绣蟒，四、五品绣麒麟，六品绣虎，七品绣彪。

虽然明朝服饰有相关制度，但嘉靖时期，不少暗藏野心的人都会将补服上的图案向飞鱼服、斗牛服和蟒服靠拢，一些人还试图将蟒图画成龙图，只是在爪角处稍作区别。为了避免僭越事件，嘉靖帝下令不准百官擅自穿飞鱼服、斗牛服和蟒服。

为了避免明朝服饰出现的“僭越问题”，清朝改良了官员的服饰。规定文官服饰一品绣仙鹤，二品绣锦鸡，三品绣孔雀，四品绣云雁，五品绣白鹇，六品绣鹭鸶，七品绣鸂鶒，八品绣鹌鹑，九品绣练雀。武官服饰一品绣麒麟，二品绣狮，三品绣豹，四品绣虎，五品绣熊，六品绣彪，七、八品绣犀牛，九品绣海马。清朝亲王与世子的补子为“四团五爪金龙”，郡王为“四团五爪行龙”，贝勒及贝子为“两团四爪正蟒”。

由于清朝补服用料考究、样式精美，且这种服饰受到清政府的限制，不能大规模地生产，所以，这种服饰具有很高的工艺价值和历史价值。

# 慈禧：衣饰最多的女人

有一年，慈禧太后去奉天祭祖。这一次去奉天不用坐马车了，因为新修的铁路已经通到那里。自从中国开始修建铁路，慈禧太后便经常出门。因为旅途劳累大大减轻，还能全国各地转转，何乐而不为呢？慈禧太后坐着御用专列，浩浩荡荡开向奉天。

在这一列御用火车当中，有一节车厢是专载太后所用的衣饰的。在这节车厢里，富丽堂皇、光彩夺目的各种衣饰，使人眼花缭乱，目不暇接。但是这一节车厢里所有的衣饰，还只是宫中御衣库里所藏的三四十分之一而已。至于太后到底有多少衣裤、多少鞋子、多少颈链、多少耳环、多少饰物，别说旁人，就是像太后那样记忆力特强的人，也不知道。当时正值春夏之交，所带衣饰肯定没有冬装，然而就是这么一小部分，却已装满了整整一节车厢了。粗略估计，衣服二千余件，鞋子也有百十来双。好在太后走路的时候很少，平均一双新的鞋子，可以穿五六天工夫。

这些衣服的贮藏也是很别致的，既不是悬挂在大橱里，也不是折叠在箱柜里，却是盛放在一种朱红漆的木盘里，每三件衣服一个木盘。太后有一个习惯，每隔四五天工夫，总要把她所有的衣服饰物查看一番。这时候，这些木盘就得依着次序从那装载御衣的车子上，一件一件地送到太后面前。每个木盘，必用两个太监抬着，幸而宫里的太监多，不怕不够使。这一次随太后上奉天去的，有一千名太监。他们抬着这些木盘请太后过目，每三袭衣盛一个盘，每一个盘用两个太监抬着，这样算起来，当太后查看她衣饰的时候，那场面该有多么壮观。

慈禧太后既拥有如此之多的衣服，当然是可以随时更换的了。但是因为它们的数量已多得不能再多的缘故，无论她每天换几次衣服，仍有许多衣服是永远穿不到的；虽然它们的质料是同样的优美，绣工是同样的精细。其中还有一部分衣饰是具有纪念意义的，比如数十年前她初进宫时作为一个贵妃时穿过的衣服。现在虽然不再穿了，却时常要那些太监去取来把玩的。太后是在竭力追念自己往日的花容月貌。

然而和太后有关的话题，并不全是这位老妇人的骄奢淫逸，也

清·佚名 慈禧太后油画像

从图中可以看到慈禧太后戴着长长的指甲套。

## 美人展书

丹唇皓齿瘦腰肢，斜倚筠笼睡起时。毕竟痴情消不去，缃编欲展又凝思。

点翠簪：A. 19厘米 ×14.5厘米 ×1.8厘米；B. 7.5厘米 ×3.9厘米。

## 点翠

中国传统贵金属加工技艺。即用翠鸟羽毛镶嵌于金属底座上，制成首饰和工艺品。翠指的是翠鸟的羽毛，因其色彩明艳夺目，又兼光泽流丽，常被用来制成女子们的首饰。战国时期就有『点翠』的工艺。宋元时开始盛行，清代达到高峰，逐渐发展成为一门独特的金工技艺。这一工艺因需要从活鸟身上拔取『绒翠』，十分残忍，现已经淘汰。我们特从世界各地博物馆遴选部分点翠头饰，配套清代《雍正十二美人图》中佩有『点翠』工艺的头饰加以说明。特别指出的是时至清代，还依然用鸟兽皮毛做首饰与衣物，如若不抵制，与原始人相同。

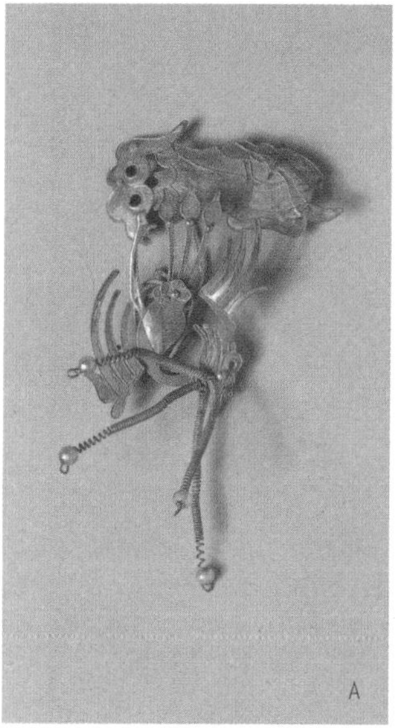

A

B

A　　B

## 倚榻观鹊

室内仕女正斜倚榻上目视室外喜鹊，手里把玩着合璧连环。

点翠簪：A. 14.2厘米×12.8厘米×2.5厘米；B. 20.3厘米×7.45厘米。

## 桐荫品茶

仕女正坐于茂密的梧桐树下静心品茶，手持薄纱纨扇。

点翠簪：A. 13厘米×3.8厘米×0.6厘米；B. 8.1厘米×8.5厘米。

## 烛下缝衣

室内仕女正在缝衣。窗外红色的蝙蝠寓意『鸿福将至』。点翠簪：A. 7.5厘米×6.4厘米×1.3厘米；B. 11.5厘米×2.1厘米。

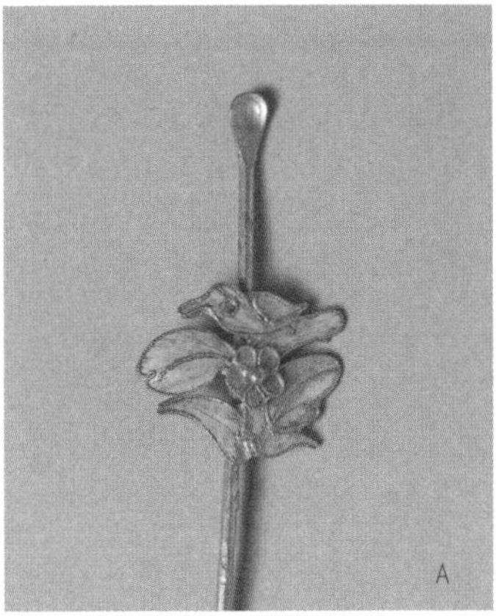

A

B

A

B

## 立持如意

仕女手持如意，立于庭院内赏花。室外的花是各色牡丹，结合仕女手中的灵芝如意，寓意『富贵如意』。

点翠发饰：A. 5.1厘米×9.6厘米×1.9厘米；B. 22厘米×28.5厘米。

## 裘装对镜

仕女身穿裘装，手持铜镜，正在对镜自赏。

点翠步摇：A. 13.8厘米×4.1厘米×1.4厘米；B. 16厘米×7.3厘米。

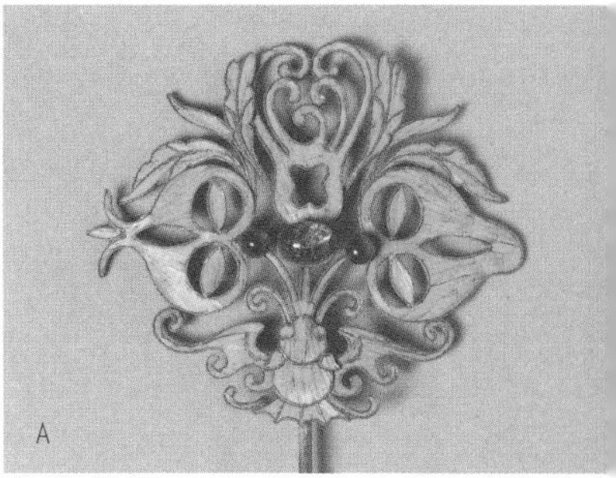

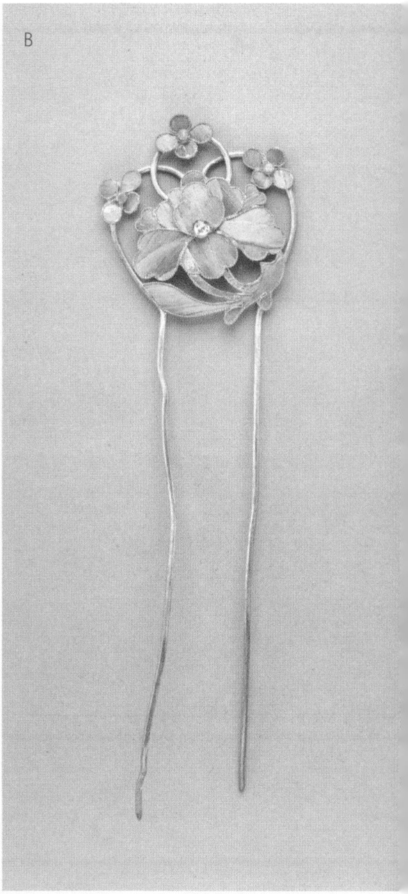

## 消夏赏蝶

室内仕女手持葫芦倚案静思，室外彩蝶起舞，萱草含芳。意喻『乞生贵子』。

点翠发饰：A. 6.5厘米 ×8.2厘米 ×1厘米；B. 7.2厘米 ×5.1厘米。

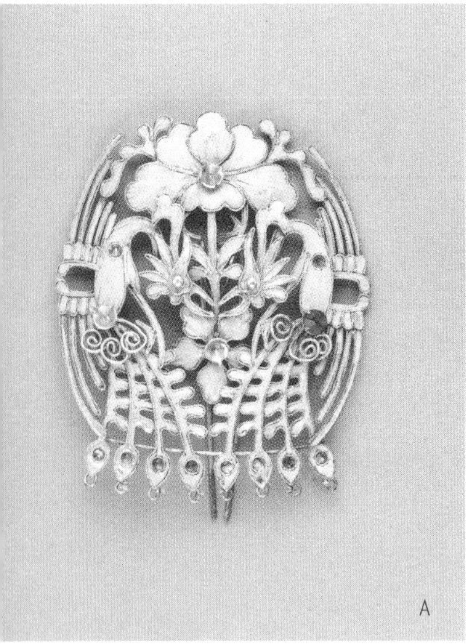

A

B

点翠头饰

23.5厘米×30.5厘米×21.5厘米。

清珠翠钿子

金属帽胎上的空花红绒面上满缝点翠嵌珍珠、珊瑚、宝石。

清　金累丝双钱纹指甲套

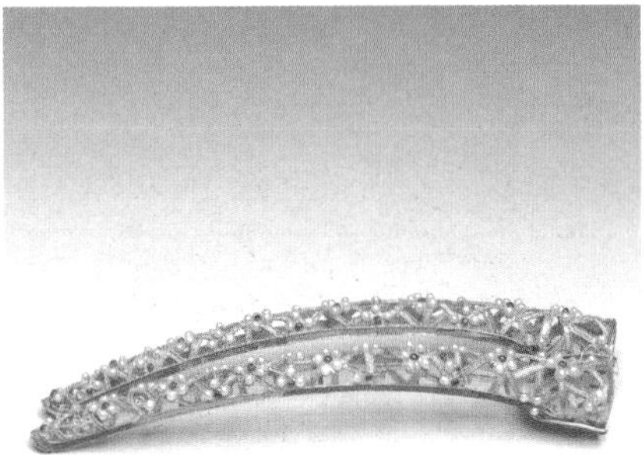

## 清代指甲套

慈禧太后非常喜欢使用指甲套，垂帘听政时，便戴过景泰蓝指甲套。其又名『护指』，是一种佩戴在手指上的女性饰物，既有保护指甲的功能，又可以作为装饰品。质地有金、银、铜以及银镀金等，或实地，或镂空，还有珐琅、玉等材质。从道理上来说，指甲套除大拇指外，其余四指均可戴，事实上大多女性只戴在无名指和小指上的。我们特从中国台北故宫博物院收藏的清代朝珠中遴选部分加以说明。

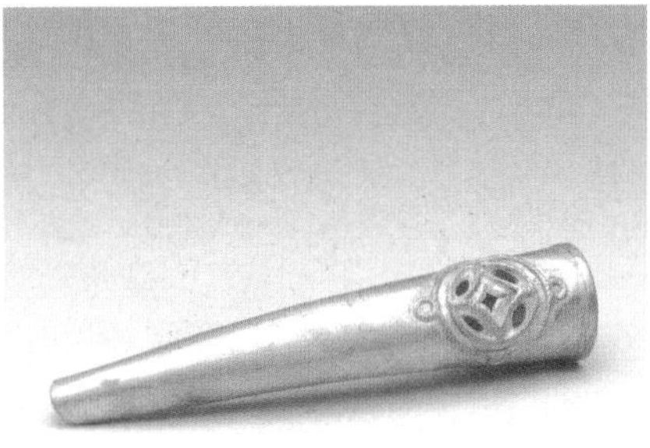

清　古钱纹银指甲套

长6.5厘米。

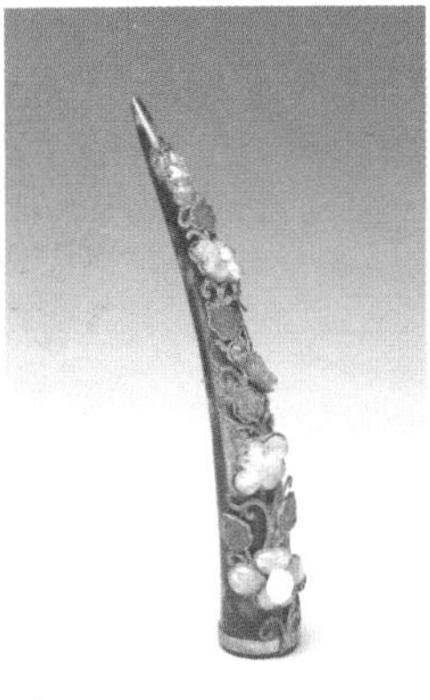

清　珐琅嵌珠宝花卉指甲套

长10厘米。

清　点翠嵌宝石缉米珠镂空指甲套

清　金卍字蝠寿纹指甲套

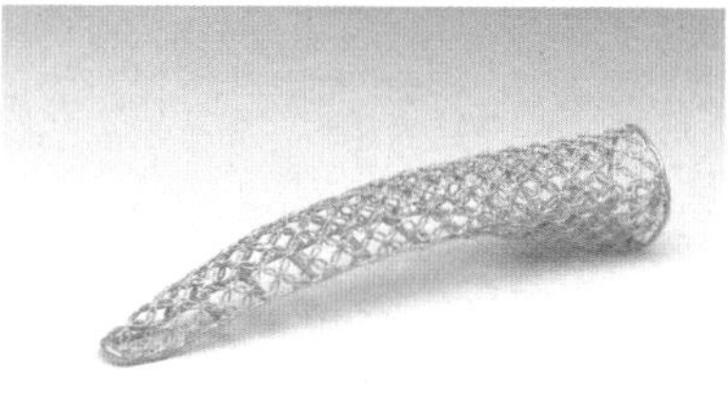

清　金累丝双钱纹指甲套

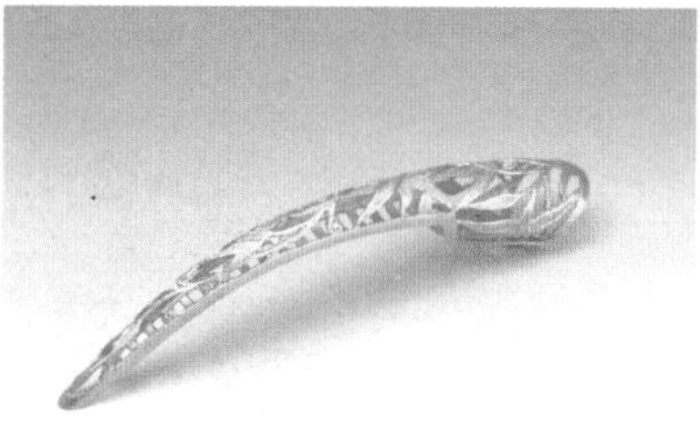

清　镂空竹叶纹鎏金指甲套

长8.5厘米。

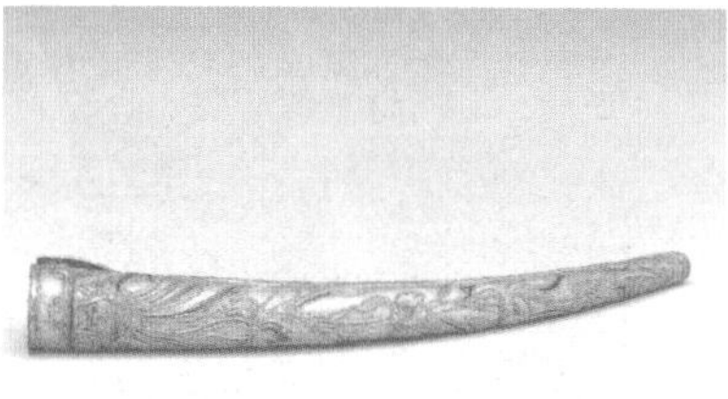

清　铜镀金点翠花卉指甲套

清　银镀金镂空蝠寿纹指甲套

佚名　点翠头饰的清代女性

161.2厘米×94.9厘米。

有其他内容。有一次，太后按照惯例宴请西洋某国公使，宴会结束后，公使夫人要求太后送给她一支太后使用过的簪子。毫无疑问，这位公使夫人想得到的不是一只普通的簪子，而是一件价值连城的文物、珍宝。慈禧太后稍一迟疑，说：咱中国的规矩是好事成双，送东西不能送单的；干脆送你一对耳环吧。然后转过身来命令太监随便找两只金耳环送给了公使夫人。

还有一次，上面提到的那个公使夫人从宫里偷拿了一件珍贵的饰物。她正准备带走，被掌管这些东西的人拦住；但他们又不敢搜查人家，只好报到太后那里。慈禧太后不动声色，请公使夫人和其他使节一道观赏中国的魔术。这时候，魔术师将一件和公使夫人偷拿的饰物相同的饰物给大家看，然后藏起来，用鱼钩从公使夫人的怀里将她偷拿的饰物钓了出来。这样，既拿回了国宝，又没让公使夫人丢面子。

不仅在这些小事儿上太后有过人的机敏，大的方面也有建树。建立女子学堂就是慈禧太后首先提倡的。有一次在戏院听戏时，她和美国贵宾聊天，详细地向他询问美国有关妇女教育的制度。当她听说美国女孩子都可读书，而且和男孩子学习一样的课目时，慈禧太后沉默了。半天，她说：我也非常希望所有中国的女孩子都能进学堂读书，可是老百姓送男孩子读书已很不容易了。

慈禧太后又简单地了解了一下美国公立学校的情况。事隔不久，朝廷就发布命令，要求在全国开始妇女教育。从那时起，北京和其他地方相继建立起几千所女子学堂。

# 附录 中华传统服饰文化精粹——刺绣

刺绣一直是国人引以为傲的艺术文化精粹，作为我国传统文化的重要组成部分，刺绣技艺已经世代传承了数千年。

用针将丝线或其他的纤维、纱线以一定的图案或色彩穿刺在织物上，以缝迹构成的花纹来装饰织物，这便是刺绣工艺。其具体操作看上去简单，但在内里却蕴含着各类其他艺术文化的内容。

最为直接的一点，刺绣体现着一种绘画之美，不同的丝线布局会形成不同的花纹图案。创作者需要将织物当作画板，针线当作画笔，以独特的构思来“绘制”不同的刺绣图案，无论形成何种图案，其中都寄予着创作者对美的认知以及对美好的向往。

早在古史传说时代，刺绣工艺便已萌芽发展。《尚书》中曾记载，舜的衣服上有五彩花色、12 种花纹，其中，上衣有日、月、星辰、山、龙、华虫 6 种花纹，下衣有宗彝、藻、火、粉米、黼、

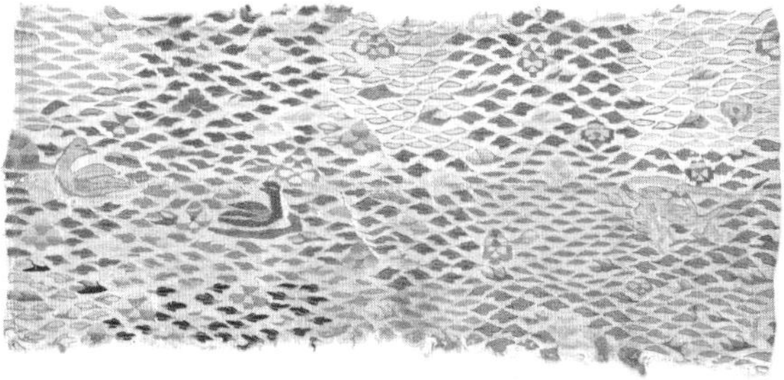

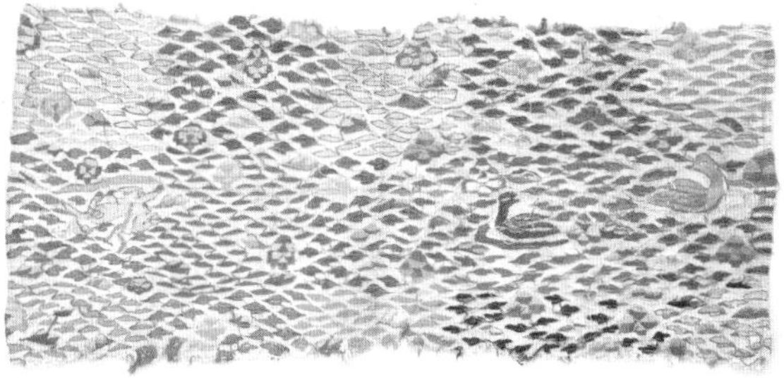

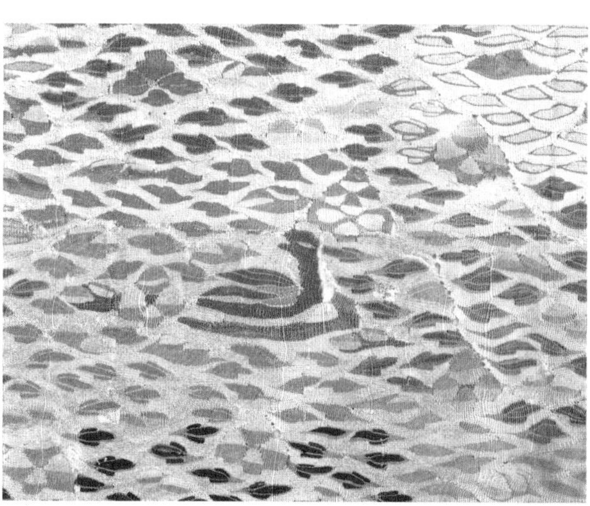

## 南宋　莲池水禽纹缂丝

28.6厘米 ×62.2厘米。缂丝是中国传统的一种丝织品，也叫刻丝，其工艺与刺绣的区别简单而言，刺绣是用针将丝线或其他的纤维、纱线以一定的图案或色彩穿刺在织物上，以缝迹构成的花纹来装饰织物，而缂丝是用小梭纺织而成。缂丝的成品正反两面是一样的，但不同色彩的轮廓之间并不相连，仔细观察会发现点点孔隙，像是以刀镂刻而成。

辽 刺绣莲塘双雁

中国丝绸博物馆藏。

黻六种花纹。

这些图案大多是图腾图案，当时的人们通过将其绘制在身上，来表现自己对自然的崇拜与信仰。

春秋战国时期，蚕桑业的兴盛，促进了刺绣工艺的发展，这一时期的刺绣已经形成了较高的艺术水平和独特的工艺门类。

在湖北江陵马山一号楚墓中，出土了一批纹样华丽、构思精巧的刺绣品。这些绣品的纹样多采用对称法构图，按照长方形和菱形来布置，纹样的主题主要是龙、凤和各种花卉。

对龙对凤纹绢是众多绣品中最大的一件，其纹样长达 181 厘米，由七个单独的纹样左右对称排列而成。在这件纹绢上，不同形态的龙和凤，或盘旋，或飞舞，或跳跃，姿态优雅，生动形象。各色绣线与浅黄绢底相互搭配，更是营造出别样的美感。

元　团凤纹绣片

143.2厘米×134.6厘米。元代的刺绣工艺主要传承宋代，虽然绣品的观赏性并不及宋代，但其美术性特征却越来越明显。

到了秦汉时期，刺绣工艺获得了进一步发展繁荣。汉朝在齐郡设立了三所官服厂，招募了数千名织工，当时不仅帝王之家要“衣绮绣”，一般的富人也要着“五色绣衣”，在席子上要绣花，在床幔上也要绣上各种纹样，就连死后殉葬的布袋上也要绣上些花纹才行。

广泛的需求也推动了汉代刺绣工艺的更新，在马王堆一号汉墓出土的竹简中，记载了三种刺绣的名称：信期绣、乘云绣和长寿绣。这些刺绣使用不同材料的绣地，运用不同的针法，创造出了各不相同又都极具观赏价值的高级绣品。

唐宋时期社会经济繁荣，刺绣工艺开始逐渐朝着“精致化”

清　刺绣御用十二章吉服袍

143.8厘米 ×161.3厘米。吉服袍因袍面多以龙为图案，也被称为龙袍。

清早期 刺绣百蝠纹女吉服袍

137.2厘米 ×190.5厘米

方向发展，唐代许多未出嫁的女子都要学习“女红”，一时间，刺绣成为那些有钱人家女子消遣娱乐、从事艺术创作的唯一活动。宋代的手工刺绣更为繁荣，刺绣工艺受到了宋代社会文化风气的影响，出现了纯审美的绣画。

据《宋代·职官志》记载，宋代宫廷设文绣院，专为皇帝、皇妃和官员们绣制服饰和绣画。徽宗时期还专门设立了绣画专科，进一步推动了绣画艺术的发展，观赏性的刺绣作品在这一时期成为主流。

元代的刺绣工艺主要传承宋代，虽然绣品的观赏性并不及宋代，但其美术性特征却越来越明显。元代画家赵孟頫的妻子管仲姬擅画，更精于刺绣，其所绣《山楼绣佛图》《长明庵图》等绣品生动形象，极具立体感。

明早期　刺绣开泰图

213.4厘米 ×63.5厘米。明代民间刺绣出现『百家争鸣』的艺术活力，在苏绣、粤绣、湘绣、蜀绣等各种名绣都形成于这一时期。

## 清　刺绣古岳苍松图团扇

高41.3厘米，直径26.7厘米。团扇背面有『乾隆二年桂月制造』的字样，意为『八月』制造。从刺绣工艺来看，应是民间刺绣作坊制作，多具有地方特色，主打实用、质朴的美感。

明晚期　缂丝百鸟朝凤图屏

224.2厘米×180.3厘米。

## 宋　缂丝　富贵长春图

166.5厘米×71.5厘米。此件缂丝工艺较为简单，但图中有梅花、山茶、水仙、天竺等新春应景的花卉，还有鹳鸽、雉鸡等鲜活的动物形态，色彩变化丰富而动感强。

## 宋　缂丝画

缂丝的工艺很适合用于绘画艺术上，可模仿书法画作，风格细腻柔美。据《宋代·职官志》记载，宋代宫廷设文绣院，专为皇帝、皇妃和官员们绣制服饰和绣画。徽宗时期还专门设立了绣画专科，进一步推动了绣画艺术的发展，观赏性的刺绣作品在这一时期成为主流。我们特从中国台湾台北故宫博物院选一组宋代缂丝画藏品，供读者欣赏。

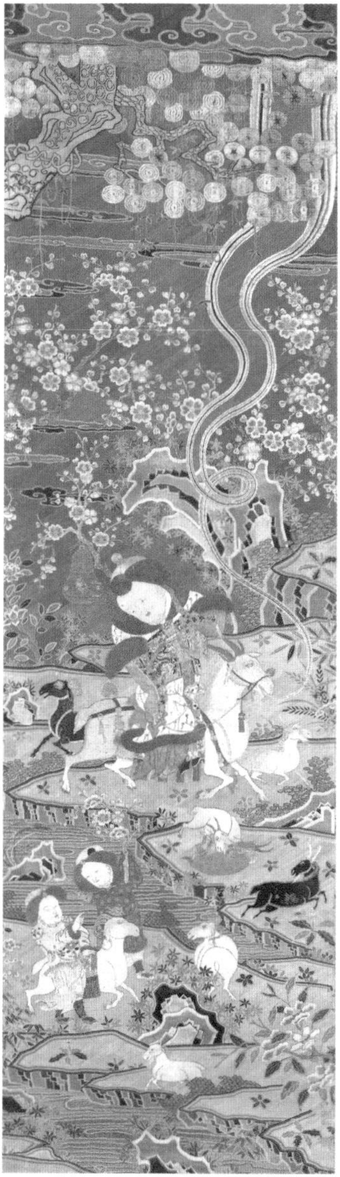

宋　缂绣　开泰图

216.6厘米×63.8厘米。图中的两位童子与八只羊意为『九羊开泰』。

宋　缂绣　菊花廉

147.4厘米×14.4厘米。此为五彩绣，绣工非常精细，体现了宋代刺绣工艺的『精致化』。

宋　缂丝　蟠桃献寿图

147.5厘米×54.3厘米。此缂丝工艺精美，在宋代，是相当郑重的祝寿之作。

宋　缂丝　文石锦鸡图

160.2厘米×100.9厘米。此缂丝绣品完成之后，在细微处均用墨笔补色，更具有了绘画的艺术韵意。

宋　缂丝　桂枝双喜图

91.7厘米×44.8厘米。图中两只喜鹊寓意为『囍』，为祝贺婚礼之作。

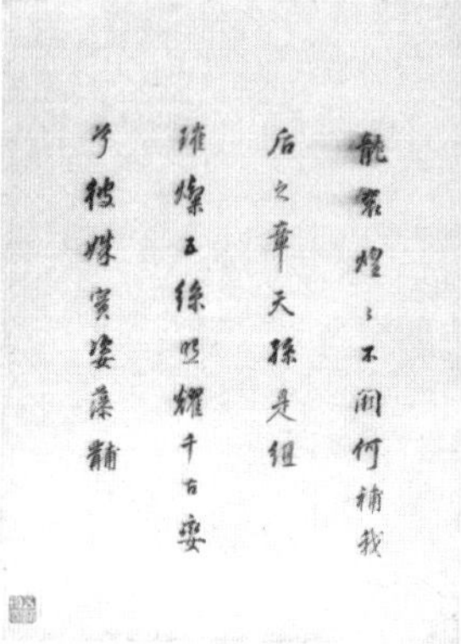

韩希孟宋元名迹册·补衮图

韩希孟宋元名迹册·葡萄松鼠图

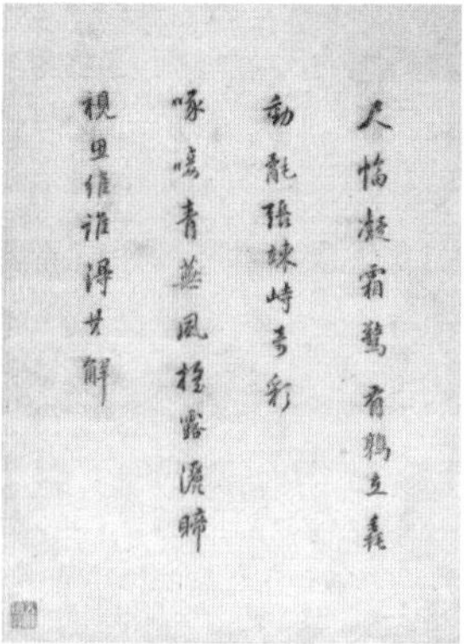

韩希孟宋元名迹册·鹌鸟图

## 韩希孟与顾绣

顾绣由明代韩希孟所创。韩希孟为明代著名刺绣家，善画花卉，工刺绣，深通六法，远绍唐宋发绣之真传，摹绣古今名人书画，别有会心，自号『武陵绣史』。其夫顾寿潜为嘉靖进士顾名世孙子，顾家有露香园，故又称其刺绣为露香园绣，简称顾绣。崇祯七年（1634），韩希孟以五彩丝线绣宋、元名画成册，即《韩希孟宋元名迹册》，成为传世名品。此绣画的特色为『半绘半绣』，以绣为主、辅之以墨笔渲染，十分精美。我们特选部分现藏北京故宫博物院的《韩希孟宋元名迹册》欣赏，此册尾有韩希孟丈夫顾寿潜的跋，对幅为董其昌题赞。

到了明代，官办手工业衰落，民间手工业却如雨后春笋般茁壮发展起来，“百家争鸣”所迸发出的艺术活力，让我国传统刺绣工艺达到了巅峰。

那些对后世影响深远的刺绣艺术流派，都形成于这一时期，在苏绣、粤绣、湘绣、蜀绣这“四大名绣”之外，上海的顾绣、北京的京绣、开封的汴绣也都是这一时期较为流行的刺绣艺术流派。

清代的民间刺绣延续着前朝的火热，宫廷刺绣则从衰颓中恢复过来，两种不同风格的刺绣制作技艺让刺绣工艺在清代达到极盛。

清代的民间刺绣多具有地方特色，主打实用、质朴的美感；宫廷刺绣主要供皇室所用，材料珍贵、技艺精巧是其主要特色。

在诸多宫廷绣品中，双面绣《富贵寿考围屏》最能凸显宫廷刺绣的精致。其用十多种丝线，以缠针、套针、滚针、接针、松针、扎针等刺绣针法，绣出牡丹、石榴、芙蓉等图案。绣品的两面花色相同，绣面整齐精致，是乾隆时期双面绣中绣制水平最高的一件作品。

在数千年的历史源流中，刺绣工艺与其他中华传统文化精粹一同传承下来。连点成线，由线及面，在一次次穿针引线的勾勒间，将几千年的传统技艺精粹，绣制在布帛服饰之上，由此形成的各种精致图案，栩栩如生，精妙秀丽，丝毫不逊色于笔墨的点缀，正可谓“绣美中华，传承千年”。

# 四大名绣之苏绣

“宋人之绣，针线细密，用线一二丝，用针如发细者为之。设色精妙，光彩射目。山水分远近之趣，楼阁得深邃之体，人物具瞻眺生动之情，花鸟极绰约馋唼之态，佳者较画更胜。”

这是清代《四库全书·清秘藏》对宋代苏绣工艺的评价，其生动形象地点明了苏绣运针用线、构形配色的独特风格。这些有别于其他刺绣艺术流派的独特风格，让苏绣到今天依然熠熠生辉。

苏绣是苏州地区刺绣产品的总称，发源于苏州吴县一带，是我国“四大名绣”之一，同时也是国家级非物质文化遗产之一。

苏绣　凤凰

现收藏于南京博物院。

## 清　刺绣　瓶花清玩图

63厘米×36厘米。图中刺绣平整光洁，针法活泼，构图匀称，布局合理，与苏绣淡雅、清秀、素洁十分相符。

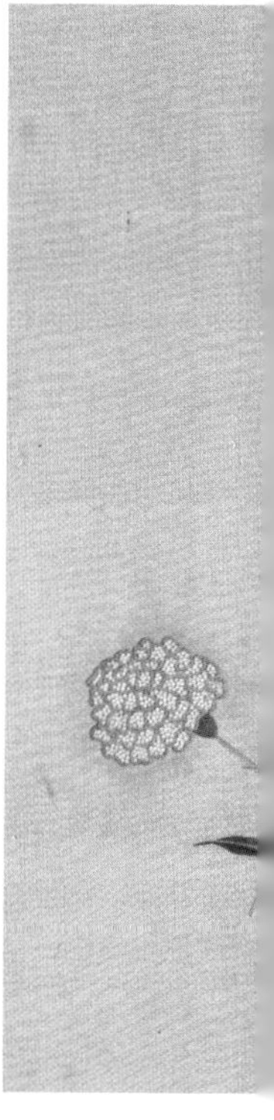

苏州地区的刺绣历史，可以追溯到春秋战国时期，当时吴国百姓便已用刺绣工艺来加工服饰。以“挑花绣”手法在服饰上绣制方、菱、放射等单一或连续图案，是当时颇为流行的刺绣工艺。

在此后各朝代中，苏州地区的刺绣技艺逐渐开始形成自身独有的地域特色，明清时期，苏绣作为一种极具地方特色的刺绣艺术流派登上历史舞台，并迅速发展起来。

在绣制技艺上，苏绣讲究“平、齐、和、细、密、光、顺、匀”。

“平”指的是绣面平展，“齐”指的是边缘平整，“和”指的是设色适宜，“细”指的是用丝线细，“密”指的是排线紧密，“光”指的是色彩鲜明，“顺”指的是丝路顺滑，“匀”指的是线头匀称。这些绣制技艺所对应的恰恰是苏绣所呈现出的独特的艺术风格。

苏绣以淡雅、清秀、素洁著称，具备色彩雅致协调，绣面平整光洁，针法活泼，构图匀称，布局合理的艺术风格。这些独特的艺术风格使得苏绣深受刺绣爱好者和社会收藏家的喜爱。

“双面绣”是苏绣众多品类中的一种，其绣品要求正反两面的图案都要一样平整匀密。根据图案、颜色和使用针法的不同，“双面绣”又可以分为双色异面绣、双色异色异样绣和双面三异绣。在一片薄薄的丝绸上，一面可以看到憨态可掬的熊猫，另一面可以看到俏皮可爱的金丝猴，这正是苏绣“双面绣”的独特魅力所在。

南通仿真绣是苏绣的重要分支，其由刺绣艺术大师沈寿所创，故又称“沈绣”。仿真绣以苏绣细腻工整的艺术风格为基础，吸收、借鉴了西洋美术中的光影技法，用中国传统刺绣针法来表现西方艺术，为中国传统刺绣开辟了一条创新发展的道路。

无论从悠久的历史传承，还是从刺绣工艺角度来看，苏绣都无愧于“四大名绣”的称号。

# 四大名绣之湘绣

以针为笔，以纤素为纸，以丝绒为颜色，通过各种原色花线以巧妙的方式创造出各种赏心悦目的绣品，这便是湘绣独特的艺术风格。

湘绣是以湖南长沙为中心的湖南刺绣产品的总称，起源于湖南的民间刺绣，多带有鲜明的湘楚文化特色。

从湖南长沙烈士公园楚墓出土的战国时期“龙凤蔓草纹刺绣”残片，以及长沙马王堆汉墓出土的一批汉代刺绣，可以判断湖南地区民间刺绣历史的源远流长。

清嘉庆年间，长沙县（今长沙市）便有很多妇女从事刺绣工作。

清　刺绣　云山楼阁

146厘米×35.5厘米。

在光绪二十四年（1898 年），长沙出现了第一家自绣自销的绣坊“吴彩霞绣坊”，这里所制绣品精美实用，受到各地民众的喜爱，这成为湖南民间刺绣逐渐走向全国的肇端。到了光绪末年，这种湖南民间刺绣已经发展成为一种独特的刺绣工艺，以这种工艺所制的绣品也成为手工艺商品市场中的热销品。

作为四大名绣之一，湘绣有其自身独有的特点。在物象表现上，湘绣更注重写实，其所造物象质朴优美、生动形象；在丝线运用上，湘绣以丝细为主要特点，一根丝线要比发丝细上很多；在结构配色上，湘绣善于运用深浅灰和黑白色，通过适当的明暗对比，来增加绣品的立体感，虚实结合结构配色，也更利于突出物象的主题。

在两千多年的发展过程中,湘绣在坚持自身独有特色的同时，还吸收了许多苏绣和粤绣的精华。

与苏绣一样，湘绣重色彩表现。如绘画调色一般，绣工们用各种原色的花线，在质地上巧妙掺和，使同一种色彩表现出由浅到深或由深到浅的过渡，形成逐渐变易而又混合均匀的色阶，进而创造出各种绚烂夺目的色彩。色线与色线的衔接要相互交错、不着痕迹，这样才能保证绣品色彩的和谐。

与粤绣一样，湘绣在针法上也独具特色。根据不同物象、不同部位自然纹理上的不同要求，湘绣发展出了七十多种针法。绣工们通过各种不同的针法，选配各种色阶的绣线，增添了物象的真实性和立体感，在艺术效果上，也要比绘画更为生动、逼真。

湘绣绣品中的物象非常多样，花鸟虫鱼无不可绣。花卉如牡丹、月季、菊花；鸟类如凤凰、孔雀、丹顶鹤；走兽如狮子、老虎、

清　刺绣　群仙贺寿图

184.2厘米×116.8厘米。图中的神仙是中国著名的『八仙』。在刺绣工艺中，有『八仙彩』，即以八仙图案为主题的长方形绣布。嫁娶、新居入厝等仪式中都会悬挂八仙彩。

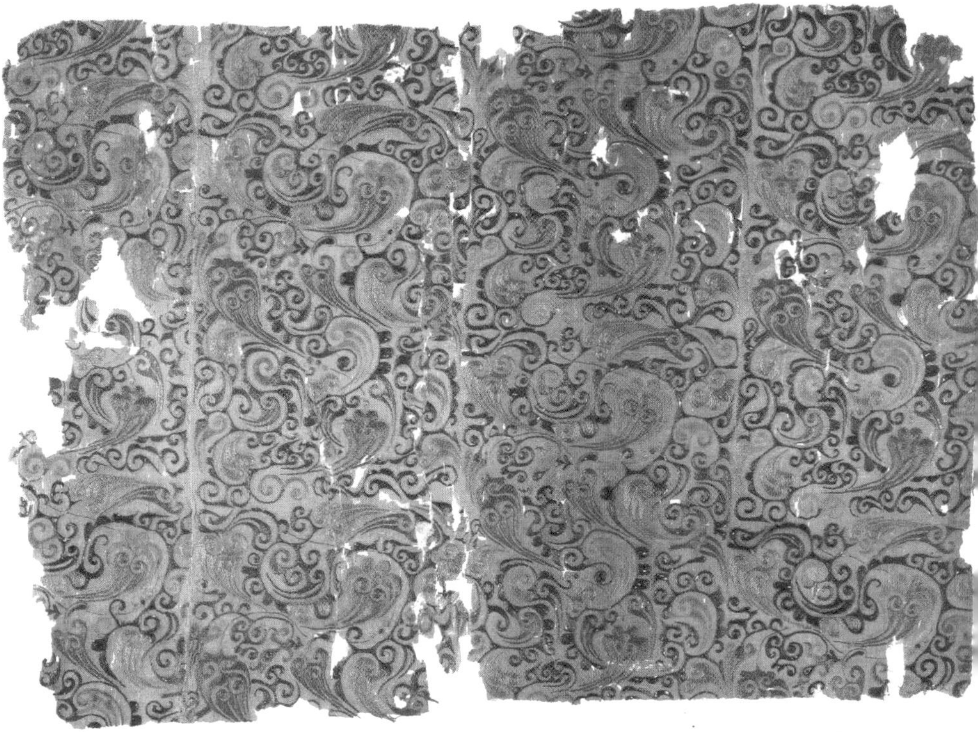

湘绣　寿字

现收藏于湖南省博物馆。

骏马，都是湘绣绣品中的常见物象。其中，许多以狮、虎为主题的湘绣作品被中国工艺美术馆收藏，成为国家级珍品。

想要做好一幅优秀的湘绣作品，需要做好制稿、临稿、选料、印版、配色、饰绷、绣制、拆绷、刺绣、整烫和饰裱各个环节的工作，每一个环节都马虎不得。正是这种不容出现一点差错的匠人精神，为湘绣赢得了“最珍贵的刺绣品”的美誉。

作为一种古老而传统的民间刺绣工艺，湘绣具有浓厚的地方文化特色。在两千多年的发展历史中，老一辈湘绣大师们不断传承、革新着这门手艺。到了今天，这种湘绣传承与发展的使命落到了新时代年轻人的肩头，相信在新一代湘绣匠人的传承下，湘绣技艺将会走上新的高度。

# 四大名绣之粤绣

“永贞元年南海贡奇女眉娘，年十四，工巧无比，能于一尺绢上绣《法华经》七卷，字之大小，不逾粟粒而点划分明，细如毫发，其品题章句，无有遗阙。”

早在唐朝时起，广东地区的刺绣工艺便已达到较高水平。《杜阳杂编》中记载的这位女绣工虽然只有十四岁，但却可以在一尺绢上绣制《法华经》七卷，所绣字之小，还不如粟米，但却笔画清晰，足可见其绣工之奇巧。这正是粤绣的一大典型艺术风格。

粤绣是广州刺绣和潮州刺绣的总称，是中国四大名绣之一，其最早发源于唐代，后经数代人传承、创新，成为一种享誉海内

**清·佚名　粤绣　丹凤朝阳图**

67厘米×52厘米。北京故宫博物院藏。粤绣是广州刺绣和潮州刺绣的总称，是中国四大名绣之一，其最早发源于唐代，后经数代人传承、创新，成为一种享誉海内外的传统刺绣工艺。

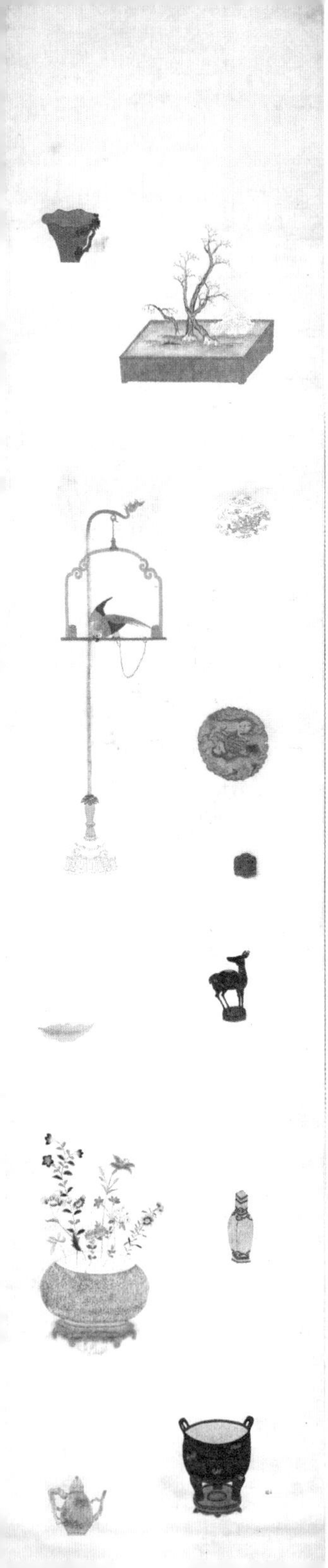

明 粤绣 博古图屏 215厘米×47厘米。

外的传统刺绣工艺。

明清时期，粤绣经由欧洲商船被运往英法等欧洲国家，成为各国皇室贵族喜爱的服饰装饰。明万历二十八年（1600年），英国女王伊丽莎白一世出于对广东金银线绣的喜爱，亲自创立了英国刺绣同业公会，并从中国进口丝绸和丝线，来加工英国贵族服饰。查理一世在继位后，也在英国大力倡导刺绣工艺，这使得粤绣在国外的影响更为广泛。现在，在英、法、德、美等国的博物馆中都收藏有精美的粤绣作品。

伊丽莎白一世所青睐的金银线绣是粤绣的一种重要技艺，这种刺绣技艺的特色在于针法的运用，其有平绣、编绣、绕绣、凸绣、垫绣、织绣等7大类60多种。

除金银线绣外，粤绣还有真丝绒绣、线绣和珠绣等重要技艺。这些刺绣技艺都很注重结合材料形质，其中，真丝绒绣以蚕丝作为绣材，是历史最为悠久、技艺传承也最为完整的一种粤绣品种。而珠绣则正相反，其是在近几十年才由粤绣匠人们创新开发而来的一种新绣品。

在针法和用线方面，粤绣是颇为讲

清　御制赞缂丝　极乐世界图轴

289.2厘米×142.2厘米。乾隆时期的缂丝精品。

究的。除了采用丝线、绒线外，粤绣还用孔雀毛绩作线，用马尾缠绒作线。其针法主要有基础针法、辅助针法和象形针法三大类，直针、续针、铺针、钉针等四十五种。为了更好地增强物象的表现力，粤绣非常注重针线起落、用力轻重、丝理走向、排列疏密等问题。

粤绣在布局上追求“满”，很少会留有空隙，即使有空隙，也会用山水草木等景物所填充，所以很多粤绣作品第一眼看上去会显得既紧凑又热闹。在用色和构图上，粤绣也颇为“大胆”，粤绣匠人们对绣品的艺术效果十分重视，相比于平淡和谐的配色，他们更喜欢用大红大绿这样对比强烈的色彩来展现绣品的艺术特色。

在长期发展过程中，粤绣的发展都与岭南文化紧密关联，同时期也受到了各民族民间艺术的影响，这使得其能够融各地特色于一身，具有极高的通用观赏价值。

# 四大名绣之蜀绣

西汉文学家扬雄在《蜀都赋》中论及成都，对随处可见的织锦刺绣场面大为赞扬，也正是从那时起，蜀绣的美名开始传扬，那些栩栩如生的绣品如巴蜀之地的山水一般，被誉为“天下无双之物”。

蜀绣是四川成都地区的刺绣工艺，与苏绣、湘绣、粤绣齐名，为中国四大名绣之一。相比于其他名绣，蜀绣以清秀明丽的色彩和细腻精湛的针法，形成了其独有的艺术风格，在物象的丰富程度上，蜀绣在诸多名绣中可称首位。

天府之国，沃野千里，物产丰富，蜀地盛产优质丝帛，这为

清　缂丝　无量寿佛像

196.3厘米×88厘米。佛教题材从隋唐时便在刺绣作品中出现，主要图案是宝相花。宋绣时偶有佛像绣品，至明清，大量的佛像绣品面世，越来越精美。

## 清　孔宪培妻于氏恭绣御制　万年枝上日初长诗意

132.5厘米×65.5厘米。孔宪培为孔子七十二代嫡长孙，袭封衍圣公，娶文华殿大学士兼户部尚书于敏中第三女为妻，此绣应该是宫藏进献乾隆帝之物。

## 清　宫廷刺绣

唐宋时期，蜀绣的发展步入鼎盛阶段，绣品的工艺质量和精美程度都达到了较高水平。到了清朝末年，蜀绣从绣制皇室用品转为绣制民间日用品，街头巷尾的绣工们闲暇时便会自绣鞋帽枕套，许多蜀绣高手的技艺便是来源于这种闲暇时间的操练。我们特选一组与清代皇家有关的绣品供读者欣赏。

蜀绣

现收藏于四川大学博物馆。

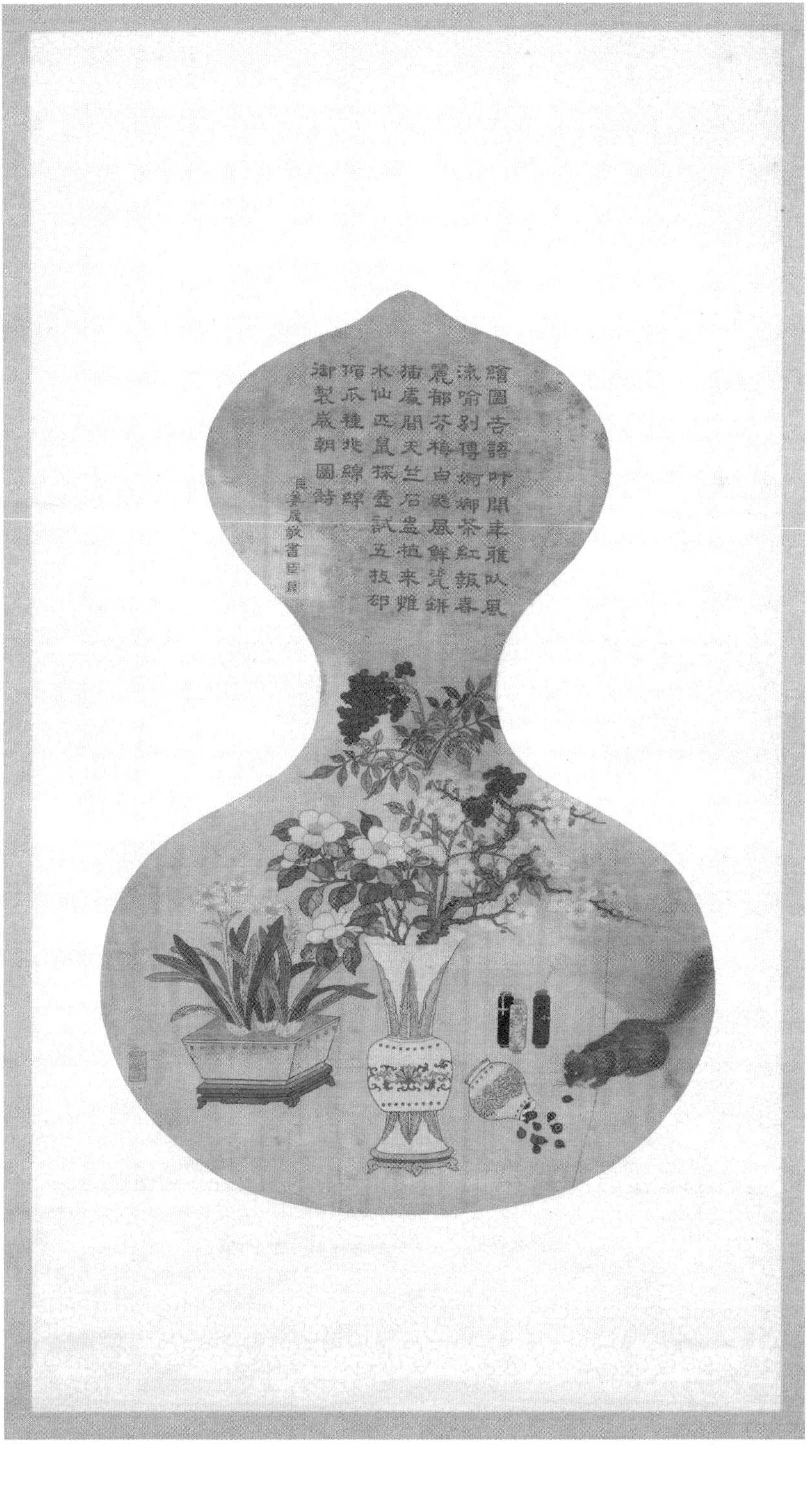


清　缂丝　岁朝图

此为名家工艺，缂织精细，其工艺是典型的清代宫廷风格。

清 缂丝 御制诗句篆书七言联

121厘米×24.8厘米。乾隆时期缂丝的精品。此联为乾隆帝所书『绿艾红榴争美节』。

蜀绣发展提供了得天独厚的条件。在汉末三国时期，蜀绣便已经驰名天下，成为与金银珠玉同列的珍稀货品。

唐宋时期，蜀绣的发展步入鼎盛阶段，绣品的工艺质量和精美程度都达到了较高水平。到了清朝末年，蜀绣从绣制皇室用品转为绣制民间日用品，街头巷尾的绣工们闲暇时便会自绣鞋帽枕套，许多蜀绣高手的技艺便是来源于这种闲暇时间的操练。

若论针法之多，蜀绣在诸多名绣中也是处于领先地位。据统计，蜀绣的针法一共有十二大类，一百三十多种，而七十余道衣锦线更是蜀绣所独有。

蜀绣运针讲究“针脚整齐，线片光亮，紧密柔和，车拧到家”，各种针法交错使用，产生无穷变化，如“笔走龙蛇”一般，呈现出粗细结合、虚实相生、阴阳协调的造像表现。这种技艺无论是在刻画细腻的花鸟鱼虫时，还是在刻画逼真的

清 刺绣 松鹤图

图上有『慈禧皇太后之宝』印。

人物山水时，都能产生绝妙的艺术效果。

晕针便是蜀绣中的常用的针法，这种刺绣针法可以将绣物绣得惟妙惟肖。鲤鱼的灵动之美、山川的壮丽之美、花鸟的多姿之美、熊猫的憨态之美，都可以用晕针的手法来表现。

针法上的多变让蜀绣可以“以针代笔，以线代墨”，运用多种刺绣技法让花纹线条更为流畅、色彩更为调和，不仅可以为绣物增添笔墨的浸润感，还可以让其更为形象，也更加传神。

《芙蓉鲤鱼》是蜀绣的代表绣品，整幅绣品以鲤鱼为主景，以成都市花芙蓉花为配景，根据花、鱼、叶、秆的不同特点，采用盖针、点针、沙针等不同针法，使得鲤鱼与花叶层次分明、栩栩如生。整幅绣品虽不见水，但通过鲤鱼的各种姿态，却能使人产生“鱼在水中游”的感觉，其形象生动之感可见一斑。

现在蜀绣作品的种类很多，既有传统服饰枕被上的装饰绣，又有巨幅条屏和袖珍小件，都是兼具实用性和美观性的精美艺术品。